Lösungsheft

zum Buch

MATHEMATIK

für

ALLE

leicht gemacht

Band I

Lösungen

in

MENGENLEHRE

ARITHMETIK

ALGEBRA

von Dr. h.c. Ignaz WALTER

Impressum:

Autor:	Dr. h.c. Ignaz Walter
Verlag Inland:	Fa. GWV – Gesellschaft für Werbung und Vertrieb mbH, 8900 Augsburg 21, Isarstraße 33, Postfach 110709
ISBN-Nummer:	3-9800.241-7-2
Direktversand:	Fa. GWV – Gesellschaft für Werbung und Vertrieb mbH, 8900 Augsburg 21, Isarstraße 33, Postfach 110709
Einzelverkauf:	Alle Buchhandlungen und Kaufhäuser

9. Auflage: 1988

A) Lösungen zur Mengenlehre

§ 10 Aufgaben zur Mengenlehre

Zu Aufgabe 1:

1. $\in$ 2. $\notin$ 3. $\notin$ 4. $\in$

A ist hier die Menge mit dem einzigen Element, dem Wort turnen.
B ist die Menge aus den Buchstaben des Wortes „turnen".

Zu Aufgabe 2:

	{ a, u, i }	{ Alle Vokale von „Kaugummi" }
bildlich	aufzählend	beschreibend

Zu Aufgabe 3:

A = { x, y } B = { x, a }
z(A) = 2 z(B) = 2 aber
A ≠ B, da a nicht in A und y nicht in B vorkommt.

Zu Aufgabe 4:

Aus 1. folgt: z(X) = 3 – also hat X drei Elemente
Aus 2. folgt: Als Elemente kommen p, r, a, l vor.
X kann sein: {p, r, a} oder {p, r, l} oder {p, a, l} oder {r, a, l}

Zu Aufgabe 5:

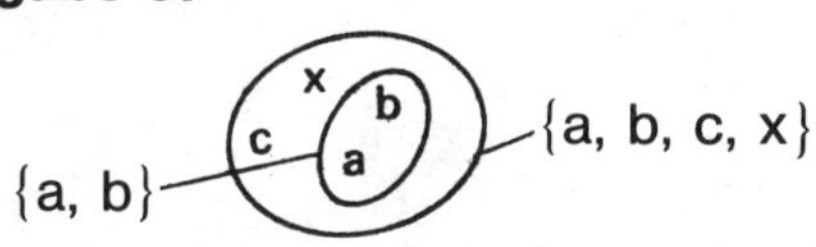

Zu Aufgabe 6:

Aus 1. folgt: Y hat drei Elemente (z({ a, b, c }) = 3)
Aus 2. folgt: Da {Alle Konsonanten von „fliegen"} gleich { f, l, g, n } ist gilt:
Als Elemente von Y kommen nur f, l, g und n in Frage.
Y kann sein: { f, l, g } oder { f, l, n } oder { f, g, n } oder { l, g, n } .

Zu Aufgabe 7:

A = { a, i, e }
Teilmengen: { }, {a}, {i}, {e}, {a, i}, {a, e}, {i, e}, {a, i, e}

Zu Aufgabe 8:

Aus 1. folgt: a∈A; b∈A; ■∉A; e∉A
Aus 2. folgt: A hat drei Elemente
Aus 3. folgt: Das dritte Element muß d sein, denn e kann nach 1. nicht Element sein.

Zu Aufgabe 9:

Aus 1. folgt: b∉C; y∉C; z∉C; a∈C
Aus 2. folgt: x könnte neben a noch Element aus C sein.
Damit kann C vertreten: {a} oder {a, x}
{x} kann nie von C vertreten werden, denn nach 1. muß a unbedingt Element aus C sein.

Zu Aufgabe 10:

Aus 1. folgt: x∈X; y∉X; I∈X; z∉X
Aus 2. folgt: ■ muß neben x und I noch Element aus X sein.
Damit kann X vertreten: {■, x, I}.

Zu Aufgabe 11:

Aus 1. folgt: ■∈Z; ◪∈Z; □ und ⧄ könnten noch Elemente aus Z sein. Andere Elemente kann Z nicht haben.
Aus 2. folgt: □ ist sicher kein Element aus Z; ⧄ kann Element sein. ⊠ und □ sind keine Elemente aus Z, da dies nach 1. unmöglich ist.
Damit kann Z vertreten: {■, ◪, ⧄} oder {■, ◪}.

Zu Aufgabe 12:

V = {Alle Sechser- und Neunerzahlen}.

Zu Aufgabe 13:

S = {6}.

14. a) $L = \{2, 4, 6, 8, 10, 12, 14, 16, 18, 20, \ldots\}$
b) $L = \{3, 6, 9, 12, 15, 18, 21, 24, 27, 30, \ldots\}$
c) $L = \{4, 8, 12, 16, 20, 24, 28, 32, 36, 40, \ldots\}$
d) $L = \{5, 10, 15, 20, 25, 30, 35, 40, 45, 50, \ldots\}$

15. a) $V_6 = \{6, 12, 18, 24, 30, 36, 42, 48, 54, 60, \ldots\}$
b) $V_7 = \{7, 14, 21, 28, 35, 42, 49, 56, 63, 70, \ldots\}$
c) $V_9 = \{9, 18, 27, 36, 45, 54, 63, 72, 81, 90, \ldots\}$
d) $V_{13} = \{13, 26, 39, 52, 65, 78, 91, 104, 117, 130, \ldots\}$
e) $V_{15} = \{15, 30, 45, 60, 75, 90, 105, 120, 135, 150, \ldots\}$
f) $V_{21} = \{21, 42, 63, 84, 105, 126, 147, 168, 189, 210, \ldots\}$

16. a) $V_2 = \{2, 4, 6, 8, 10, 12, 14, 16, 18, 20, \ldots\}$
$V_3 = \{3, 6, 9, 12, 15, 18, 21, 24, 27, 30, \ldots\}$

$V_2 \cap V_3 = \{6, 12, 18, 24, 30, \ldots\}$

b) $V_4 \cap V_6 = \{12, 24, 36, 48, 60, \ldots\}$
c) $V_3 \cap V_6 = \{6, 12, 18, 24, 30, \ldots\}$
d) $V_2 \cap V_3 \cap V_4 = \{12, 24, 36, 48, 60, \ldots\}$

17. a) Fig. 1 b) Fig. 2 c) Fig. 3

Fig. 1

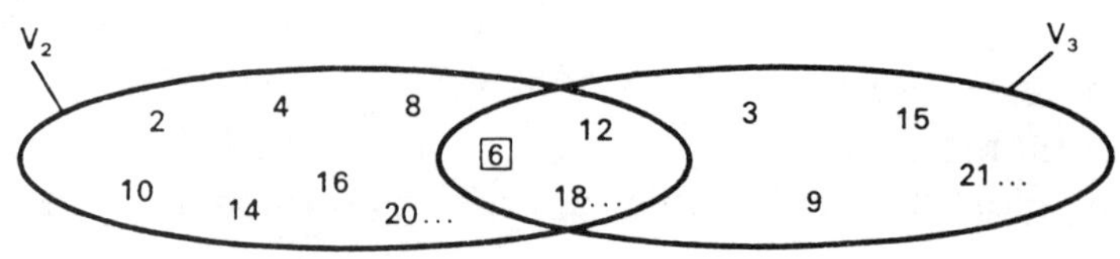

Fig. 2

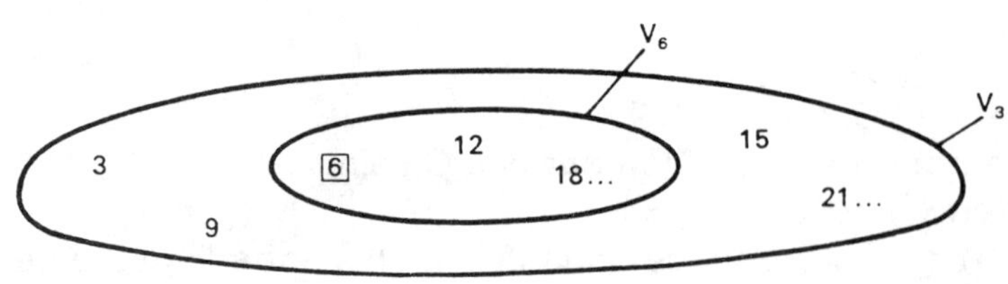

Fig. 3

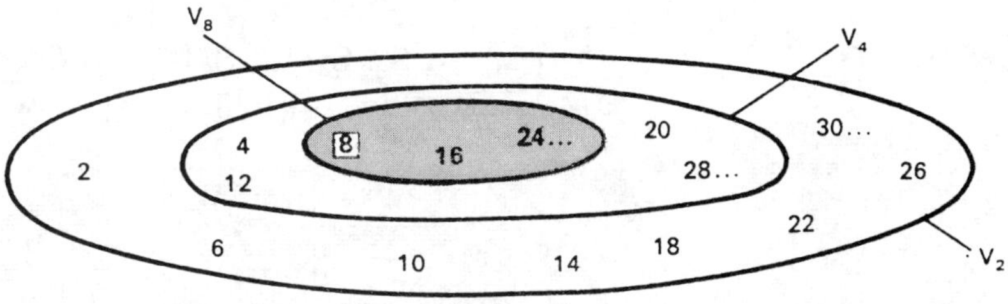

18.

a) 39	b) 85	c) 102	d) 60	e) 72
f) 120	g) 210	h) 420	i) 357	k) 132
l) 70	m) 72	n) 105	o) 84	p) 240

Aufgabe 19: Nach Vervierfachen der Strecke [AB] und Verdreifachen der Strecke [CD]. Fig. 4.

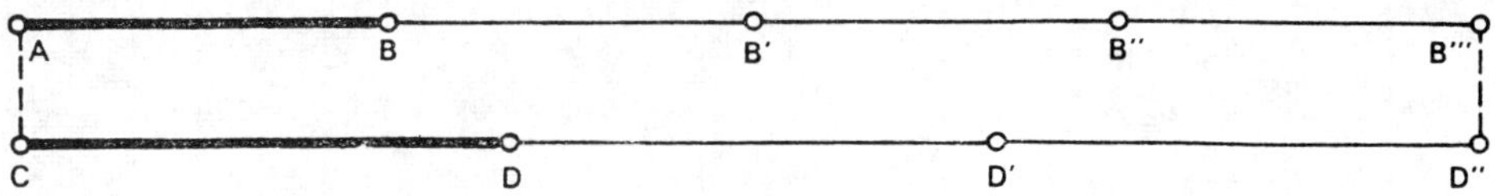

Aufgabe 20:

a) 1410; 10mal; 3mal

b) 1296; 3mal; 2mal

c) 360; 15mal; 10mal; 6mal

d) 360; 20mal; 15mal; 5mal; 4mal; 3mal

Aufgabe 21:

a) 390 b) 714 c) 665 d) 460

Aufgabe 22:

kgV (75,60) = 300; 300 : 75 = 4; 300 : 60 = 5
Nach 4 Schritten des Vaters und 5 Schritten des Sohnes sind sie mit ungleichem Fuß wieder „im Schritt". Um mit gleichem Fuß wieder „im Schritt" zu sein, muß der Vater 8 Schritte, der Sohn 10 Schritte tun.

Aufgabe 23:

15 m 12 cm. Das kleine Rad dreht sich 9mal, das große 7mal. [1512 = kgV (168,216)]

Aufgabe 24:

Am Dienstag, dem 31. März.

Aufgabe 25:

a) $L = \{2, 6\}$ b) $L = \{\ \}$ c) $L = \{5, 15\}$ d) $L = \{1, 5\}$

Aufgabe 26:

a) $S = \{\ \}$. Fig. 5

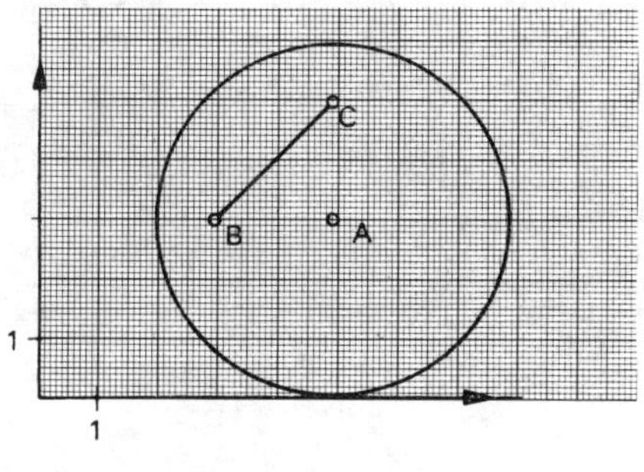

b) $S = \{S_1, S_2\}$. Fig. 6

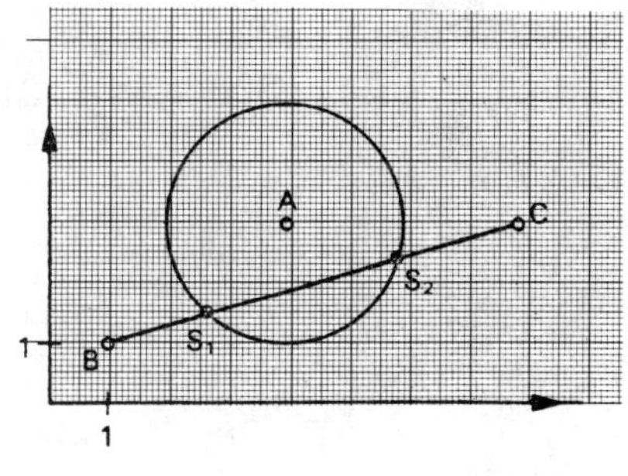

c) $S = \{S_1, S_2, S_3, S_4\}$. Fig. 7

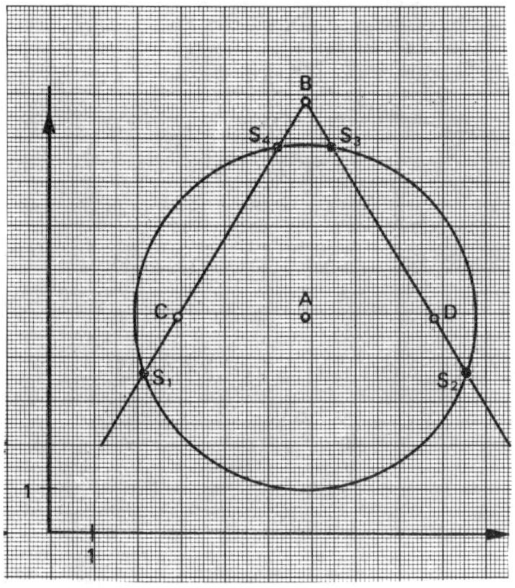

d) $S = \{S_1, S_2, S_3, S_4, S_5, S_6\}$.
$z(M_1 \cap M_2) = 6$ Fig. 8

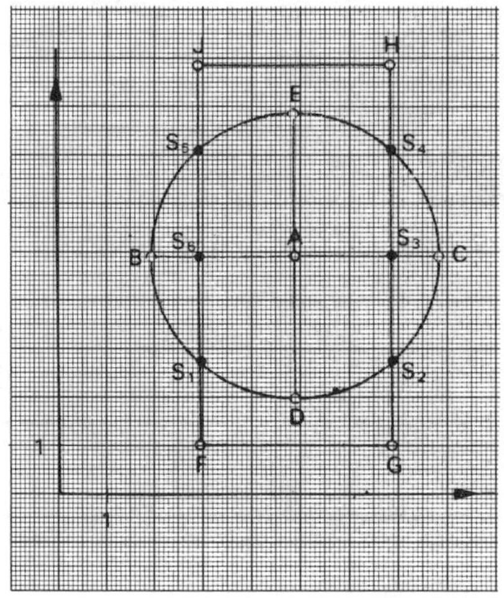

e) $S = \{S_1, S_2, S_3, S_4\}$. Fig. 9

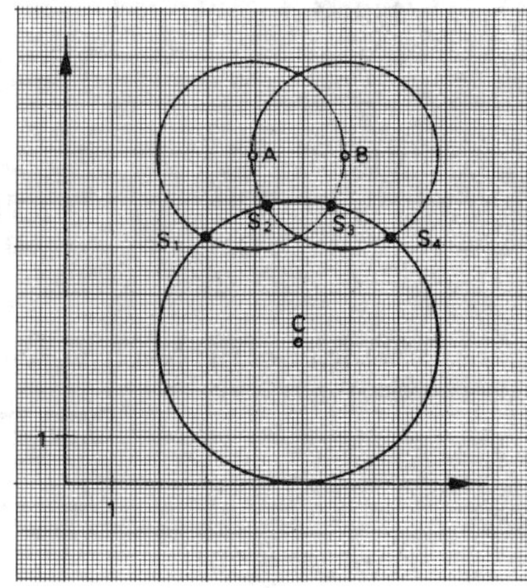

Aufgabe 27:

a) S_1 (2; 8), S_2 (8; 8). Fig. 10

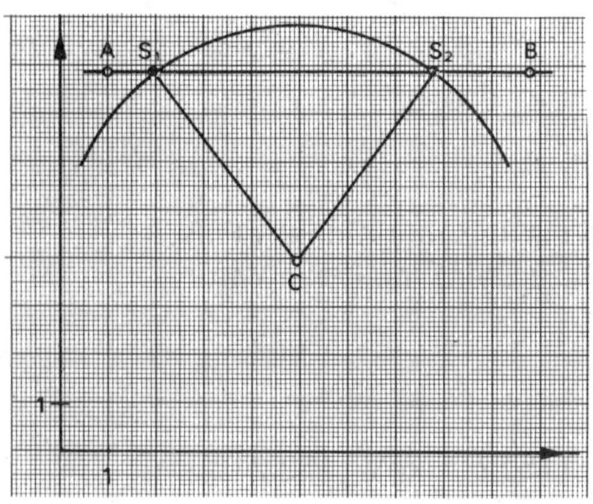

b) S_1 (1; 0), S_2 (9; 0). Fig. 11

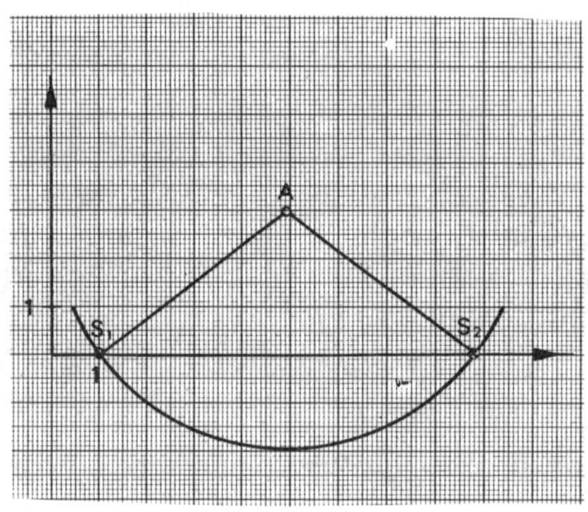

c) S_1 (3; 1), S_2 (10; 8). Fig. 12

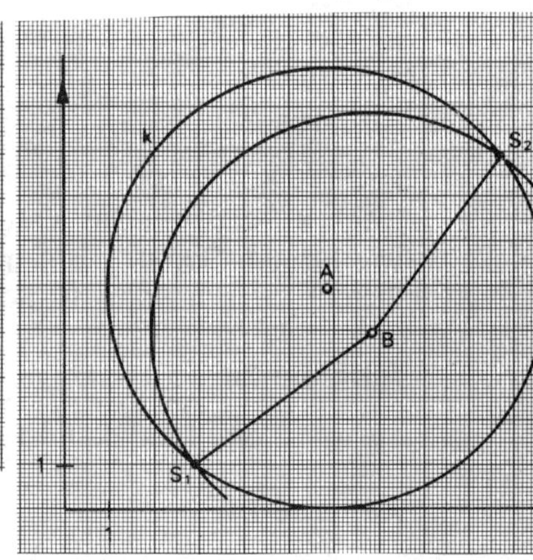

Aufgabe 28:

$\overline{S_1S_2}$ = 6 cm. Fig. 13

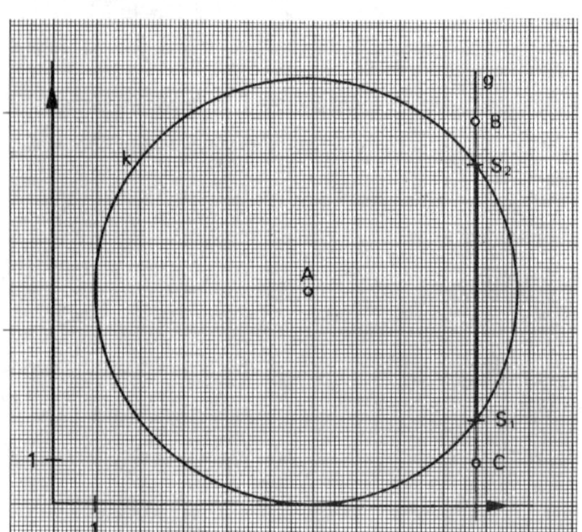

Aufgabe 29:

a) $\overline{CD}_{min}$ = 1 cm; $\overline{CD}_{max}$ = 11 cm. Fig. 14
b) $\overline{CD}_{min}$ = 1 cm; $\overline{CD}_{max}$ = 5 cm. Fig. 15

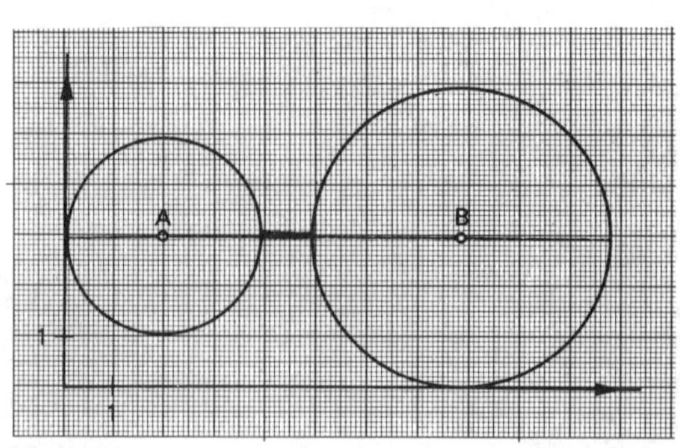

Fig. 14

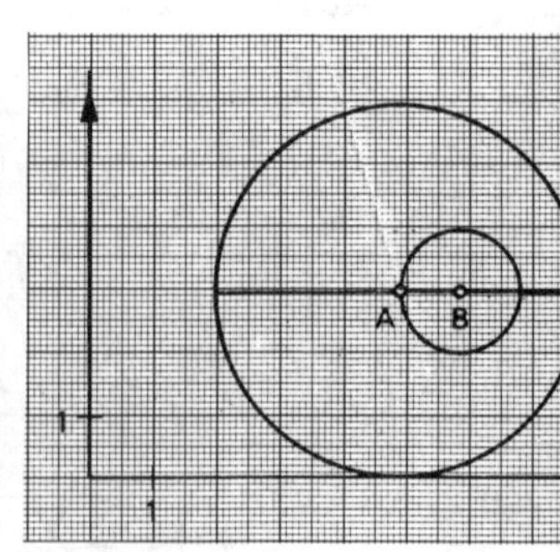

Fig. 15

B) Lösungen zur Arithmetik

§ 1. Addition

Seite 53:
6. 22422
7. 21220
8. 16414
9. 21724

§ 6. Teilbarkeit der Zahlen

Seite 58: 8. durch 4, 2. 15 durch 5, 3. 365 durch 5. 3654 durch 2, 3, 9. 5360 durch 2, 4, 5, 10. 278 durch 2. 57884 durch 2, 4. 3792 durch 3, 4, 6, 8. 4375 durch 5, 7. 3850 durch 5, 7, 10, 11. 4310 durch 2, 5, 10. 46011 durch 3. 27855 durch 5, 3, 9. 437920 durch 2, 4, 8, 5, 10.

§ 7. Zerlegung in Faktoren

Seite 59:
8. $720 = 2 \cdot 2 \cdot 2 \cdot 2 \cdot 3 \cdot 3 \cdot 5$
9. $2520 = 2 \cdot 2 \cdot 2 \cdot 3 \cdot 3 \cdot 5 \cdot 7$
10. $8190 = 2 \cdot 5 \cdot 3 \cdot 3 \cdot 7 \cdot 13$
11. $192 = 2 \cdot 2 \cdot 2 \cdot 2 \cdot 2 \cdot 2 \cdot 3$
12. $285 = 3 \cdot 5 \cdot 19$
13. $7122 = 2 \cdot 3 \cdot 1187$
14. $2535 = 3 \cdot 5 \cdot 13 \cdot 13$
15. $16 = 2 \cdot 2 \cdot 2 \cdot 2$
16. $18 = 2 \cdot 3 \cdot 3$
17. $27 = 3 \cdot 3 \cdot 3$
18. $32 = 2 \cdot 2 \cdot 2 \cdot 2 \cdot 2$
19. $36 = 2 \cdot 2 \cdot 3 \cdot 3$
20. $64 = 2 \cdot 2 \cdot 2 \cdot 2 \cdot 2 \cdot 2$

§ 11. Verwandlung eines unechten Bruches in eine gemischte Zahl

Seite 63: $\frac{7}{5} = 1\frac{2}{5}$. $\frac{8}{3} = 2\frac{2}{3}$. $1\frac{15}{4} = 3\frac{3}{4}$. $\frac{23}{3} = 7\frac{2}{3}$. $\frac{27}{4} = 6\frac{3}{4}$. $\frac{36}{5} = 7\frac{1}{5}$. $\frac{44}{3} = 14\frac{2}{3}$.
$\frac{97}{4} = 24\frac{1}{4}$. $\frac{107}{5} = 21\frac{2}{5}$. $\frac{36}{7} = 5\frac{1}{7}$. $\frac{25}{4} = 6\frac{1}{4}$. $\frac{39}{14} = 2\frac{11}{14}$.

§ 12. Erweitern von Brüchen

Seite 64: $\frac{1}{2} = \frac{30}{60}$. $\frac{2}{3} = \frac{40}{60}$. $\frac{3}{4} = \frac{45}{60}$. $\frac{4}{5} = \frac{48}{60}$. $\frac{3}{5} = \frac{36}{60}$. $\frac{5}{6} = \frac{50}{60}$. $\frac{5}{12} = \frac{25}{60}$. $\frac{4}{15} = \frac{16}{60}$.
$\frac{3}{20} = \frac{9}{60}$. $\frac{7}{20} = \frac{21}{60}$. $\frac{5}{30} = \frac{10}{60}$. $\frac{7}{30} = \frac{14}{60}$.

Nenner: 240. **Zähler:** 120, 160, 180, 192, 144, 200, 64, 36, 84, 40, 56
Nenner: 180. **Zähler:** 90, 120, 135, 144, 108, 150, 75, 48, 27, 63, 30, 42
Nenner: 120. **Zähler:** 60, 80, 90, 96, 72, 100, 50, 32, 18, 42, 20, 28

§ 14. Gleichnamigmachen von Brüchen

Seite 65:
5. **Nenner:** 48. **Zähler:** 36, 47, 15, 30
6. **Nenner:** 50. **Zähler:** 45, 7, 26, 30
7. **Nenner:** 84. **Zähler:** 72, 68, 49, 82
8. **Nenner:** 24. **Zähler:** 12, 16, 18, 20, 21
9. **Nenner:** 48. **Zähler:** 32, 40., 42, 20, 21

§ 15. Addition von Brüchen

Seite 66: 1. $12\frac{215}{504}$ 2. $10\frac{104}{105}$ 3. $22\frac{41}{84}$ 4. $17\frac{23}{24}$ 5. $27\frac{517}{840}$ 6. $35\frac{3}{28}$ 7. $36\frac{5}{63}$
8. $48\frac{251}{252}$ 9. $44\frac{13}{126}$

§ 15. Einrichten von Brüchen

Seite 66: $3\frac{1}{3} = \frac{10}{3}$ $6\frac{2}{3} = \frac{20}{3}$ $5\frac{1}{2} = \frac{11}{2}$ $7\frac{1}{2} = \frac{15}{2}$ $8\frac{5}{6} = \frac{53}{6}$ $33\frac{1}{3} = \frac{100}{3}$ $66\frac{2}{3} = \frac{200}{3}$
$5\frac{7}{9} = \frac{52}{9}$ $15\frac{8}{23} = \frac{353}{23}$ $17\frac{5}{7} = \frac{124}{7}$ $133\frac{1}{3} = \frac{400}{3}$ $582\frac{3}{7} = \frac{4077}{7}$

§ 16 Subtraktion von Brüchen

Seite 67:
1. $\frac{7}{8} - \frac{5}{12} = \frac{11}{24}$
2. $\frac{7}{9} - \frac{3}{5} = \frac{8}{45}$
3. $\frac{11}{15} - \frac{3}{5} = \frac{2}{15}$
4. $\frac{7}{16} - \frac{3}{8} = \frac{1}{16}$
5. $\frac{15}{22} - \frac{4}{33} = \frac{37}{66}$
6. $\frac{7}{18} - \frac{3}{10} = \frac{4}{45}$
7. $\frac{8}{21} - \frac{2}{7} = \frac{2}{21}$
8. $\frac{3}{19} - \frac{1}{10} = \frac{11}{190}$
9. $\frac{120}{121} - \frac{2}{3} = \frac{118}{363}$
10. $\frac{572}{120} - 3 = 1\frac{23}{30}$
11. $\frac{800}{3} - 200 = 66\frac{2}{3}$
12. $\frac{500}{12} - 13 = 28\frac{2}{3}$

§ 16 Subtraktion von gemischten Zahlen

Seite 67:
1. $5\frac{1}{2} - 2\frac{1}{3} = 5\frac{3}{6} - 2\frac{2}{6} = 3\frac{1}{6}$
2. $1\frac{38}{63}$
3. $3\frac{5}{8}$
4. $3\frac{5}{12}$
5. $1\frac{3}{4}$
6. $20\frac{1}{2} - 15\frac{7}{8} = 4\frac{5}{8}$
7. $13\frac{5}{6}$
8. $2\frac{1}{18}$
9. $9\frac{11}{28}$
10. $24\frac{1}{2}$
11. $37\frac{2}{3}$
12. $7\frac{9}{14}$

§ 17 Multiplikation von Brüchen

Seite 68:
8. $\frac{1}{2}, \frac{35}{48}, \frac{3}{28}, \frac{2}{5}, \frac{4}{7}, \frac{4}{5}$
9. $\frac{15}{301}, \frac{9}{16}, \frac{13}{102}, \frac{3}{8}, \frac{9}{248}$
10. $1\frac{2}{3}, 4\frac{2}{3}, 6, 2\frac{1}{2}, \frac{2}{27}, 4$
11. $4, 1\frac{1}{7}, 6\frac{2}{3}, 7\frac{1}{2}, 2\frac{1}{2}, 2\frac{19}{22}$
12. $20\frac{3}{7}, 101\frac{1}{9}, 31\frac{1}{3}, 41, 10$
13. 183, 144, 300, 795, 51
14. $203\frac{7}{16}$ $123\frac{1}{3}, 77\frac{1}{4}, 50, 16\frac{1}{3}$
15. $7\frac{13}{20}, 4\frac{1}{25}$ $12\frac{3}{14}, 64, 20$

§ 18 Division von Brüchen

Seite 68:
1. $\frac{9}{10}, 1\frac{1}{15}, \frac{20}{21}, 1\frac{1}{4}$
2. $1\frac{13}{16}, 1\frac{31}{44}, \frac{7}{18}, 2\frac{1}{112}$
3. $19\frac{1}{5}, 66\frac{1}{2}, 29\frac{1}{4}, 47\frac{1}{7}$
4. $38\frac{2}{5}, 19\frac{1}{8}, 10, 24$
5. $\frac{17}{60}, \frac{7}{48}, 1\frac{2}{15}, \frac{14}{153}$
6. $\frac{4}{825}, \frac{15}{217}, \frac{2}{285}, \frac{3}{8}$
7. $6\frac{22}{57}, 1\frac{13}{62}, 1\frac{17}{21}, \frac{2}{3}$
8. $\frac{23}{39}, 2\frac{8}{13}, \frac{25}{34}, \frac{7}{8}$
9. $\frac{5}{27}, 2\frac{1}{6}, \frac{7}{8}, \frac{8}{35}$
10. $7, 8, \frac{7}{27}, 3\frac{4}{7}$
11. $\frac{1}{6}, \frac{9}{14}, 2\frac{2}{3}, 3\frac{45}{62}$

§ 20 Wiederholungsbeispiele

Seite 69:

1. 11	8. $6\frac{4}{5}$	15. $7\frac{2}{3}$	22. $82\frac{3}{100}$	29. $\frac{1}{5}$	36. $2\frac{1}{5}$
2. 9	9. 4	16. $2\frac{1}{7}$	23. $1\frac{1}{2}$	30. $\frac{5}{108}$	37. $\frac{19}{21}$
3. $2\frac{3}{5}$	10. $8\frac{3}{4}$	17. $4\frac{1}{4}$	24. $3\frac{1}{3}$	31. $\frac{1}{8}$	38. $18\frac{20}{27}$
4. $1\frac{2}{7}$	11. $2\frac{1}{16}$	18. $6\frac{13}{19}$	25. $\frac{19}{40}$	32. $1\frac{2}{5}$	39. $152\frac{29}{108}$
5. $7\frac{1}{3}$	12. $1\frac{5}{12}$	19. $1\frac{29}{40}$	26. $13\frac{19}{24}$	33. $\frac{8}{21}$	40. $4809\frac{3}{4}$
6. 25	13. $\frac{727}{1600}$	20. $\frac{7}{64}$	27. $\frac{3}{8}$	34. $\frac{15}{896}$	41. $157\frac{1}{7}$
7. 23	14. $2\frac{29}{63}$	21. $\frac{1}{8}$	28. $\frac{35}{72}$	35. $6\frac{14}{15}$	42. $1637\frac{1}{6}$

43. $43\frac{22}{27}$	50. $13\frac{1083}{1120}$	57. $10\frac{2}{3}$	64. $4\frac{11}{27}$	71. $\frac{2}{45}$	78. $\frac{11}{21}$
44. $10\frac{139}{140}$	51. $10\frac{4}{7}$	58. 60	65. $\frac{19}{23}$	72. $\frac{2}{17}$	79. $4\frac{7}{32}$
45. $1\frac{491}{840}$	52. $55\frac{17}{24}$	59. $7\frac{1}{2}$	66. $1\frac{49}{66}$	73. $\frac{1}{135}$	80. $\frac{29}{56}$
46. $\frac{41}{60}$	53. $1\frac{1}{5}$	60. 63	67. $1\frac{153}{316}$	74. $\frac{2}{21}$	81. $\frac{11}{9}$
47. $2\frac{39}{140}$	54. $\frac{16}{21}$	61. $3\frac{7}{19}$	68. $2\frac{23}{27}$	75. $\frac{1}{288}$	82. $\frac{11}{112}$
48. $\frac{461}{504}$	55. $2\frac{3}{16}$	62. $2\frac{10}{43}$	69. $7\frac{1}{9}$	76. $\frac{10}{507}$	83. $\frac{136}{189}$
49. $21\frac{27}{56}$	56. $\frac{19}{36}$	63. $5\frac{29}{32}$	70. $11\frac{1}{6}$	77. $\frac{19}{24}$	84. $\frac{1}{2}$
					85. $2\frac{2}{5}$

§ 26 Verwandlung gew. Brüche in Dezimalbrüche

Seite 76:

$\frac{1}{2} = 0{,}5$

$\frac{3}{4} = 0{,}75$

$\frac{5}{16} = 0{,}3125$

$\frac{3}{8} = 0{,}375$

$\frac{5}{32} = 0{,}15625$

$\frac{1}{64} = 0{,}015625$

$\frac{3}{500} = 0{,}006$

$\frac{7}{25} = 0{,}28$

$\frac{73}{125} = 0{,}584$

$\frac{2}{3} = 0{,}6666$

$\frac{5}{6} = 0{,}83333$

$\frac{7}{11} = 0{,}6363\ldots$

$\frac{4}{15} = 0{,}2666\ldots$

$\frac{5}{12} = 0{,}41666\ldots$

$\frac{3}{7} = 0{,}428571\ldots$

$\frac{8}{15} = 0{,}5333\ldots$

$\frac{3}{17} = 0{,}1764705882352941\ldots$

$\frac{23}{11} = 2{,}0909\ldots$

$\frac{25}{3} = 8{,}3333\ldots$

$3\frac{5}{6} = 3{,}8333\ldots$

$4\frac{7}{8} = 4{,}875$

$3\frac{2}{9} = 3{,}22\ldots$

$3\frac{1}{7} = 3{,}142857\ldots$

$\frac{407}{900} = 0{,}452\ldots$

$\frac{53188}{9000} = 5{,}9097\ldots$

$\frac{4289}{9990} = 0{,}4293$

§ 27 Verwandeln von Dezimalbrüchen in gemeine Brüche

Seite 78:

$0{,}5 = \frac{1}{2}$

$0{,}25 = \frac{1}{4}$

$0{,}75 = \frac{3}{4}$

$0{,}125 = \frac{1}{8}$

$0{,}375 = \frac{3}{8}$

$0{,}2 = \frac{1}{5}$

$0{,}6 = \frac{3}{5}$

$0{,}8 = \frac{4}{5}$

$0{,}625 = \frac{5}{8}$

$0{,}0625 = \frac{1}{16}$

$0{,}1875 = \frac{3}{16}$

$0{,}3125 = \frac{5}{16}$

$0{,}4375 = \frac{7}{16}$

$0{,}04 = \frac{1}{25}$

$0{,}24 = \frac{6}{25}$

$0{,}44\ldots = \frac{4}{9}$

$0{,}55\ldots = \frac{5}{9}$

$0{,}11\ldots = \frac{1}{9}$

$0{,}055\ldots = \frac{1}{18}$

$0{,}277\ldots = \frac{5}{18}$

$0{,}722\ldots = \frac{8}{11}$

$0{,}0833\ldots = \frac{1}{12}$

$0{,}4166\ldots = \frac{5}{12}$

$0{,}4545\ldots = \frac{5}{11}$

$0{,}04545\ldots = \frac{1}{22}$

$0{,}466\ldots = \frac{7}{15}$

$0{,}1034545\ldots = \frac{569}{5500}$

$0{,}3852424\ldots = \frac{12713}{33000}$

$0{,}002533\ldots = \frac{19}{7500}$

Aufgaben. Addition von Dezimalbrüchen.

Seite 78: 1. 14,711 2. 26,6981 3. 14,724 4. 30,9879 5. 14,89057 6. 417,913702

Subtraktion.

1. 2,6849 2. 0,0351 3. 0,34202 4. 3,692422 5. 2,0546 6. 305,799073

Vermischte Aufgaben.

Seite 78: 1. 21,998 2. 24,2266... 3. 31,269499 4. 170,8903... 5. 10,995 6. 125,3765...

Nachfolgende Dezimalbrüche sollen multipliziert werden.

Seite 79:
1. 10,116910
2. 0,022536
3. 59,975
4. 0,000999
5. 8,886546
6. 12,202978

Vermischte Aufgaben.

Seite 79:
1. 2,142
2. 4,896706
3. 16,683 . . .
4. 46,3204
5. 5,8838
6. 0,0964

Nachfolgende Dezimalbrüche sollen dividiert werden.

[Die Division ist nicht zu Ende geführt.] Lösungen.

Seite 79:
1. 14,316
2. 1329,715
3. 0,00008
4. 3,1665
5. 0,7211
6. 0,14655
7. 0,004302
8. 1,172

Vermischte Aufgaben. Division.

Seite 79:
1. $3,697 : \frac{4}{7} = 6,46975$
2. $21,378 : \frac{6}{9} = 32,067$
3. $0,0579 : \frac{3}{500} = 9,65$
4. $5,032 : 4\frac{7}{12} = 1,098$
5. $0,0037 : 5\frac{9}{70} = 0,00072$
6. $9,3867 : 6\frac{7}{9} = 1,3849$

Nachfolgende Brüche sollen in Dezimalbrüche verwandelt werden.
[Division abgebrochen.]

Seite 79:
1. $\frac{5}{16} = 0,3125$
2) $14\frac{3}{17} = 14,17647$
3. $\frac{0,25}{6} = 0,0416\ldots$
4. $\frac{10,37}{6} = 1,7283$
5. $\frac{34,23}{12,45} = 2,7494$
6. $\frac{6,47}{3,4} = 1,9029$
7. $\frac{15}{2,79} = 5,376$
8. $\frac{9}{0,209} = 43,0622$

§ 29 Schlußrechnungen mit geraden Verhältnissen

[ ] Lösungen. Abgekürzt gerechnet.

Seite 87:
1. 94 DM 37 Pfg.
2. 769,51 DM
3. 27,5 t
4. 403,87 DM
5. 40 Umdrehungen
6. 36,89 Tage

Schlußrechnungen mit umgekehrten Verhältnissen. [ ].

Seite 88: 1. 157,821 km 2. 104,8 Seiten 3. 12286 Steine

§ 30 Zusammengesetzte Schlußrechnungen

Seite 89: 1. 18,6 Tage 2. 70 m^3

§ 31 Prozentrechnung [ ].

Seite 90: 1. 25% 2. 40% 3. 5,66% 4. $7\frac{1}{7}$% 5. 6 DM 3 Pfg. 6. 464,71 DM

§ 32 Zinsrechnung. Zinsen gesucht. [ ].

Seite 93: 1. 410,63 DM 2. 2280 DM 3. 30 DM 4. 6,02 DM 5. 146 DM

C) Lösungen zur Algebra

§ 1 Addition

Seite 121:
1. $5ab + 13ac$
2. $\frac{4}{5}a + \frac{5}{7}b$
3. $\frac{7}{6}a + \frac{5}{4}b + 2c$
4. $2ab + \frac{3}{4}ac + 12a + 4b$
5. $5\frac{1}{2}m + 19\frac{1}{4}n$
6. $5\frac{1}{2}ax + 1\frac{1}{6}bx + 4\frac{1}{3}a + \frac{2}{5}b + 3\frac{1}{4}x$
7. $1{,}1ax + a + 8x + 0{,}1$
8. $9bb + 30\,b + 20$
9. $10a + 7{,}55b + 1{,}37$
10. $12\frac{29}{30}x + \frac{3}{5}y + 10{,}1279$

§ 2 Subtraktion

Seite 123:
1. $19\frac{4}{5}a + b$
2. $\frac{1}{4}ab + \frac{2}{3}ac$
3. $\frac{5}{6}x + 1\frac{2}{5}y$
4. $5ax + 4$
5. $ax - 7$
6. $3cx + 10ax$
7. $1{,}5\frac{x}{y} - 3{,}5\frac{x}{z}$
8. $0{,}1abc + 3abx$
9. $\frac{1}{32}x$

§ 4 Addition relativer Größen

Seite 125:
1. 35, −30, +13, −41, +23, −22, −87
2. 42a, −47b, +11a, +26x, +5a, −3y, +14z
3. a + b, −a − b, −a + b, 4a − 3b, +7a + 9b, −8a − 7b, 7m − 9n
4. n + 1, n − 1, n − 2, n + 1, x + 3, x − 1
5. y, y, a − b, a + 4b, −a − 2b
6. m + n + 1, n + a − 1, m + n, m + n − 3, −m − n
7. 4a, −17b, 4p − 5q, a + c, x + y − z − 3a, −8a − 9u
8.
9. 0,4a + 2b − 12,53c − 21,88d − 1,2f

§ 5 Subtraktion relativer Größen

Seite 127:
1. 6, −11, +24, +27, −19, −20, 0
2. 3a, +15b, −3x, −9m, −10x, −7c, +8d
3. a − b, −a + b, a + b, −a − b, −7a − 4, 2 − x, 3x − 2y
4. 3x − 2y, 4n + 5m, −8y − 4x, −3y + 4x, 8 + 4a, 1 − y, 3x − 7
5. n − 2, n + 2, 4 − x, x − 3, x − 11, x, 2x − 10
6. x − 1, n + 1, m − 10, 1 − m, n, 5x + 4
7. m − 2n, −n, + m, −x − 2y, −2x + y, a − 3b
8. a + 4b, 2y, 2a + 11, n − m − 5, 2x − 5, m − n + 2
9. 4a − 4b, −3a − 2x, 2y − 5, 5a − 4b + 8c − 8d

§ 6 Das Auflösen von Klammern

Seite 129:

1. $12a - 10b$
2. $6a + 2b + 15c$
3. $11aa - 10ab + 2ac - 9a$
4. $26a - 18b - 5c$
5. $5a - 18b + 20c$
6. $-0{,}3x + 3{,}37y$
7. $-4a$
8. $6\frac{3}{4}u - 6\frac{1}{2}v - 2a + 7b$
9. $a + p - d$
10. $= u + 2y$
11. $-u + v + x$
12. $3a - 3c$
13. $2a - 6b + 7c$
14. $-3a + 5c$

§ 7 Das Setzen von Klammern

Seite 130:

1. $a + (b + c)$
2. $a + (b - c)$
3. $x + (z - y)$
4. $a + (c - b)$
5. $a + (7b - 5c + 3d)$
6. $ab + (-ax + bx - cx)$
7. $a - (b - c)$
8. $a - (5b + 3c)$
9. $u - (a + b)$
10. $\frac{a}{b} - \left(\frac{a}{c} + \frac{a}{d}\right)$
11. $m - (3c - a - b)$
12. $a - (9 - 2b - 3c)$

§ 8 Gleichungen

Seite 133:

1. $x = 7$
2. $x = 6$
3. $x = 11$
4. $x = 11$
5. $x = 5$
6. $x = 8$
7. $x = 1$
8. $x = -4$
9. $x = 36$
10. $x = 9$
11. $x = -11$
12. $x = 30$
13. $x = 146$
14. $x = 2$
15. $x = 7a - 3b$
16. $x = 5a$
17. $x = a + b + 10$
18. $x = 80 + 8a$

§ 9 Die Multiplikation
1. Die Multiplikation absoluter Größen

Seite 135:

1. $72y$, $30\,(a + b)$, $56\,(b - c)$
2. $21xy$, $32mn$, $21uv$
3. $\frac{56}{99}ab$, $\frac{2}{3}ab$, $\frac{1}{4}cd$
4. $10uv$, $39\frac{1}{3}cd$, $13\frac{1}{3}\ uv$
5. $\frac{2}{3}ab$, $\frac{2xx}{3yy}$, $\frac{35xx}{12zy}$ oder $2\frac{11}{12}\,\frac{xx}{zy}$,
6. $\frac{20ac}{3b} = 6\frac{2}{3}\,\frac{ac}{b}$, $\frac{45}{2}\,a = 22\frac{1}{2}a$, $\frac{2}{3}\,\frac{a}{c}$
7. $\frac{135}{2}bcd$, $\frac{198}{10}abbc = 19\frac{8}{10}abbc$, $\frac{275}{6}abc = 45\frac{5}{6}\,abc$
8. $\frac{4bxx}{3c}$, $\frac{8aac}{dxy}$
9. $\frac{30c}{b}$, $\frac{3abh}{10p}$
10. $\frac{5}{3}x$, $\frac{2x - z}{x - 2z}$
11. $\frac{7}{9}\,\frac{a - m}{a + m}$, $\frac{y\,(x + y + 3)}{4\,(x + y - 3)}$

2. Multiplikation relativer Größen

Seite 137:

1. $35\,ab$
2. $-\frac{4}{3}ab$,
3. $-15abcc$
4. $-40a$
5. $-15aaxy$
6. -3
7. $-abc$
8. $+abcd$
9. $-\frac{3axx}{y}$
10. $+\frac{2mc}{b}$
11. $\frac{m}{n}$
12. $\frac{2}{3}\frac{a+1}{a-1}$

3. Multiplikation eines mehrgliedrigen Ausdruckes mit einer Zahl

Seite 139:

1. $6a + 6b + 6c$
2. $3a - 3b - 3c$
3. $28a - 21b + 14c$
4. $2ax + 3ay + 5az$
5. $40ay + 56by + 24cy - 32dy$
6. $-15aabbc - 12aabcc + 9abbcc$
7. $\frac{24}{5}abx - \frac{21}{5}aby + 3ab$
8. $-\frac{4}{3}axy + \frac{4}{3}bxy + 8xy$
9. $-\frac{4}{5}xxy + 3xyy + \frac{42}{5}xy$
10. $-\frac{42}{5}xz + \frac{156}{15}yz - 3zz$
11. $3xxy + 3xxz + 2yzz + 6xyy - 8xyz$
12. $y - \frac{2}{3}z$
13. $12\frac{1}{4}a - 6\frac{1}{6}b$

4. Multiplikation mehrgliedriger Ausdrücke miteinander

Seite 141:

1. $ac + bc + ad + bd$
2. $ac + bc - ad - bd$
3. $ax - ay - bx + by$
4. $10a^2 - 7ab - 12b^2$
5. $35ab + 7b - 10a - 2$
6. $x^2 - 5xy + 3xz - 15\,yz$
7. $ax + bx - cx - ay - by + cy$
8. $10am - 15bm + 25cm - 2an + 3bn - 5cn$
9. $x^2 + 2\,xy + y^2$
10. $x^2 + 8x + 16$
11. $25x^2 + 30x + 9$
12. $a^2 + 2ab + b^2$
13. $x^2 + 2xy + y^2$
14. $9x^2 + 6xy + y^2$
15. $4\,x^2 + 16xy + 16y^2$
16. $16x^2 + 56x + 49$
17. $49x^2 + 70x + 25$
18. $a^2 - 2ab + b^2$
19. $x^2 - 2xy + y^2$
20. $x^2 - 14x + 49$
21. $x^2 - 8x + 16$
22. $25x^2 - 10x + 1$
23. $16x^2 - 24xy + 9y^2$
24. $36x^2 - 60xy + 25y^2$
25. $x^2 + 2x + 1$
26. $1 - 2a + a^2$
27. $a^2 - 2a + 1$
28. $9a^2 - 30ab + 25b^2$
29. $a^2 - b^2$
30. $p^2 - q^2$
31. $p^2 - 25$
32. $16a^2 - 4b^2$
33. $9x^2 - 64y^2$
34. $49a^2 - 25b^2$
35. $36a^2 - 6ab - 12b^2$
36. $64x^2 - 8xy - 42y^2$
37. $x^3 - y^3$
38. $a^4 - b^4$
39. $x^4 - y^4$
40. $a^2 + 2ab + b^2 - c^2$
41. $-x^2 + y^2 - z^2 + 2xz$
42. $36\,x^2z^2 - 9x^2u^2 - 4y^2z^2 + y^2u^2$
43. $16a^2bc + 24a^2cx - 24a^2bx - 36a^2x - 8bacy - 12acxy + 12abxy + 8ab^2y - 4b^2y^2 + 9x^2y^2$.

44. $a^3 + 3a^2b + 3ab^2 + b^3$
45. $a^3 - 3a^2b + 3ab^2 - b^3$
46. $abc - bc - 2ac + 2c - 3ab + 3b + 6a - 6$
47. $x^3 - 13x^2 + 52x - 60$
48. $36a^3 - 168a^2 + 241a - 105$
49. $42a^3 + 79a^2 - 25$
50. $\frac{27}{32}\frac{x^2}{y^2} - \frac{2y}{y}$
51. $2x^3 + \frac{17}{72}x^2y + \frac{1}{2}xy^2 + \frac{9}{16}y^3$
52. $\frac{15}{8}\frac{x^2}{a^2} - \frac{1}{16}\frac{x}{a} - 3\frac{1}{2} - \frac{7}{15}\frac{a}{x} + \frac{16}{15}\frac{a^2}{x^2}$
53. $\frac{9}{4}\frac{m^2}{pn} + 3\frac{m}{n} + 4\frac{p}{n} + \frac{8}{3}\frac{p^2}{mn} + \frac{16}{9}\frac{p^2}{m^2n}$

§ 10 Die Division

1. Division absoluter eingliedriger Größen

Seite 145:
1. $3b, 5a, 5c$
2. $3ab, 6ax, 7an$
3. $2\frac{a}{b}, \frac{3x}{4y}, \frac{3m}{5n}$
4. $3(a - b)c, 7\frac{x - y}{x + y}$
5. $y, y, \frac{4a}{3b}, \frac{a}{5b}$
6. $\frac{b}{a}, \frac{2ac^2}{3xyz}, \frac{4bx}{9m}$
7. $\frac{9n}{20ax}, \frac{m}{10xy}, \frac{3b}{20cd}$
8. $\frac{10py}{3z}, \frac{ab}{p}, \frac{28ac}{3y}$
9. $\frac{2m}{9bx^2}, \frac{3ay^2}{10bcx}, \frac{10adn}{3bx}$
10. $\frac{a}{c}, \frac{c}{d}, \frac{b}{a}$

2. Division relativer eingliedriger Größen.

3. Division eines mehrgliedrigen Ausdruckes durch einen eingliedrigen

Seite 148:
1. $\frac{m}{n}, -\frac{a}{b}, +\frac{c}{d}$
2. $+\frac{a}{b}, -\frac{a}{b}, -\frac{x}{y}, +\frac{u}{v}$
3. $3, -10, \frac{1}{3}, -\frac{1}{2}$
4. $-\frac{1}{3}, -\frac{1}{2}, -3, -\frac{1}{7}$
5. $-\frac{3a}{b}, \frac{4x}{y}, -12a$
6. $-\frac{c}{b}, -\frac{a}{2bc}, -\frac{4a}{bc}, \frac{5}{6c}$
7. $-\frac{1}{20}, -\frac{4}{7}, -\frac{1}{12}$
8. $\frac{1}{2}, 1\frac{7}{13}$
9. $\frac{a - b}{a + b}, 1, -1, -1$
10. $-5, -\frac{1}{2}, -3$
11. $b, -4a$
12. $-\frac{9x}{4}, -12a$
13. $\frac{2b}{u}, \frac{4xz}{9ab}, \frac{12mx}{py}$
14. $\frac{2b}{23c^2d}, \frac{ab}{10cuv}, 8\frac{28}{55}\frac{cdqr}{a^2x}$
15. $\frac{15by}{x}, \frac{6ay}{x}, \frac{b^2}{c}$
16. $1\frac{1}{8}\frac{a}{b}, 10\frac{5}{12}\frac{b}{d}, 1\frac{1}{2}b^2$
17. $1\frac{1}{2}a, \frac{3x}{7(a + x)}$
18. $-\frac{2}{5}, \frac{3b}{2c} = 1\frac{1}{2}\frac{b}{c}$
19. $-\frac{5}{16}\frac{ab}{c^2}$
20. $5b + 3c - 15d$
21. $-3a + 7b + 4c$
22. $3ax - 8cx + 2x$
23. $1\frac{1}{2}x - \frac{3}{x}$
24. $1\frac{1}{2}c - de - \frac{f}{2a}$
25. $\frac{5}{c} - \frac{4}{b} + \frac{2}{a}$
26. $\frac{9a^2}{5y^2} - \frac{16a^2}{5by} - \frac{4ax}{y^2}$

4. Division mehrgliedriger Ausdrücke durcheinander.

Seite 151:
1. $2a + 3b$
2. $5p - 8q$
3. $x + 3$
4. $x + 5$
5. $a - b + 3c$
6. Schreibe die Aufgabe geordnet:

$$(-a^8 - 2a^7b^2 - a^6b^4 + a^4b^2) : (a^4 + a^3b^2 + a^2b) = -a^4 - a^3b^2 + a^2b$$
$$-a^8 - a^7b^2 \qquad -a^6b$$
$$\overline{\quad -a^7b^2 - a^6b^4 + a^6b + a^4b^2}$$
$$-a^7b^2 - a^6b^4 \qquad a^5b^3$$
$$\overline{\quad a^6b + a^5b^3 + a^4b^2}$$
$$a^6b + a^5b^3 + a^4b^2$$

7. $a^2 - ab + b^2$
8. $a^4 + a^3b + a^2b^2 + ab^3 + b^4$
9. $x^2 - xy + y^2$
10. $\left(\frac{a^2}{b} - \frac{b^2}{a}\right) : \left(\frac{1}{b} - \frac{1}{a}\right) = a^2 + ab + b^2$

$$\frac{a^2}{b} - a$$
$$\overline{\quad +a \qquad -\frac{b^2}{b}}$$
$$a - b$$
$$\overline{\quad +b - \frac{b^2}{a}}$$
$$b - \frac{b^2}{a}$$

$$\frac{a^2}{b} : \frac{1}{b} = a^2$$
$$a : \frac{1}{b} = ab$$
$$b : \frac{1}{b} = b^2$$

11. $x - b$
12. $x^2 - ax - cx + ac$
13. $x - y$ Rest $2y^2$ d.i. $x - y + \frac{2y^2}{x + y}$
14. $x^3 - x^2y + xy^2 - y^3 + \frac{2y^4}{x + y}$
15. $1 : (1 + x) = 1 - x + x^2 - x^3 + x^4 - \frac{x^5}{1 + x}$
16. $1 : (1 - x) = 1 + x + x^2 + x^3 + x^4 + \frac{x^5}{1 - x}$

Wiederholungsaufgaben

Seite 152:
1. -29
2. 3
3. $-2a + ab - 12ac - 3c$
4. 13
5. $28.$
6. -14
7. 12
8. $13a + 50$
9. $-2x + 3y - 3z - 11xy + 7yz$
10. $-10a + 13b + 16$
11. $22x - 33y + 5z$
12. $5a - 3b - 6m + 8n$
13. $-12m^3 + 21mn - 15m^2p + 24m^2q$
14. $\frac{3a^2}{bd} - \frac{39ac}{10d^2} - \frac{18ah}{25bdg} + \frac{21a}{5}$
15. $a^3 - b^3$
16. $-120x^2 + 128xy - 32y^2$
17. $16a^2 - 33{,}96ab + 14b^2$

18. $\frac{15}{8}\frac{a^2}{x^2} + \frac{16}{15}\frac{x^2}{a^2} - \frac{1}{16}\frac{a}{x} - \frac{7}{15}\frac{x}{a} - 3\frac{1}{2}$.
19. $36a^2 + 60ab + 25b^2$.
20. $25x^2 - 30xy + 9y^2$.
21. $16x^2 + 56x + 49$.
22. $9u^2 - 6u + 1$.
23. $x^2 + 20xy + 100y^2$.
24. $25x^2 - 49y^2$.
25. $81a^2 - 49b^2$.
26. $9x^2 - 225y^2$.
27. $a^2b^2 - 25b^2c^2$.
28. $\frac{7ab}{cy}$.
29. $-\frac{5}{3}\frac{z}{x}$.
30. $+\frac{3}{2}\,be$.
31. $\frac{15ade}{2bx}$.
32. $-\frac{5bfy}{a}$.
33. $\frac{4}{7}\frac{n}{g^2}$.
34. $2a^2b - ac - 3bc^2 + 5b^2c^3$.
35. $\frac{5}{18}a^2 - \frac{1}{4}b^2 + \frac{2}{9}c^2$.
36. $2a + c - 3b$.
37. $9a + c - 2b$.
38. $\frac{a}{c} + \frac{c}{e} - \frac{b}{d}$.

Gleichungen

Seite 153: 39. $x = 18$.
40. 180.
41. −3.
42. 36.

Gleichungen

Seite 155:

1. 4.	4. 5.	7. 5.	10. 48.	13. 9.	16. 3.
2. −5.	5. 5.	8. 5.	11. 5.	14. $\frac{1}{2}$.	17. 3.
3. $-\frac{1}{2}$.	6. 3.	9. −2.	12. $\frac{3}{4}$.	15. 0.	

Anwendungen

Seite 156:
1. $2x + x = 38700$. $x = 12900$ DM
2. I, II, III
$x + (x + 17) + (x + 17 + 26) = 420$. $x = 120$ DM
Sohn Vater
3. $(x + 4)\,3 = 30 + x$ $x = 9$ Jahre.
4. $45x + 25\,x = 700$ $x = 10$ Tage.
5. $(x + 3)\,20 = 25x$ $x = 12$ Tage.

Gleichungen mit Nennern

Seite 160: Lösungen stehen in [ ].

§ 12. Zerlegung in Faktoren

Seite 167:

1. $x\,(a + b - c)$.	9. $3x\,(m + 2n)$.	17. $7n\,(2ax - 3by - 1)$.
2. $y\,(a - b + c - 1)$.	10. $5\,(x - 1)$.	18. $(x - y)\,(a + b)$.
3. $d\,(a + b - 1)$.	11. $a\,(x + 1)$.	19. $(p - q)\,(c + 1)$.
4. $2a\,(b + 2c - 6d)$.	12. $x\,(ax - b)$.	20. $(x - a)\,(x - b)$.
5. $5x\,(1 + 2a + 3b)$.	13. $5\,(a - 2)$.	21. $(5x + 2y)\,(3a - 4b)$.
6. $x\,(a - 1)$.	14. $8\,(a - 2)$.	22. $(a + 5m)\,(a - 3n)$.
7. $x\,(x - 1)$.	15. $2\,(x + 2m)$.	23. $(2a - 3b - 5x)\,(5m - n)$.
8. $6y\,(2b + 3c - 4a)$.	16. $3\,(3p + 4q)$.	24. $(p + q)\,(p - q)$.

25. $(5x + 3y)(5x - 3y)$. 26. $(7a + 8b)(7a - 8b)$. 27. $(a + 1)(a - 1)$. 28. $\left(\frac{a}{3} + \frac{b}{4}\right)\left(\frac{a}{3} - \frac{b}{4}\right)$.

29. $(5x - 3y + 2a)(5x - 3y - 2a)$. 30. $(5a + 7b)(5a + b)$. 31. $2a^2 \cdot 2x^2 = 4a^2x^2$. 32. $(a + b)^2 (a - b)^2$. 33. $(a^2 + ab + b^2)(a^2 - ab + b^2)$.

34. $(2x + 3y)^2$. 35. $(5x - 2y)^2$. 36. $5(a + b)^2$. 37. $a(x + y)^2$.

§ 13. Das Kürzen der Brüche

Seite 169:

1. $\frac{b + c}{x + y}$.
2. $\frac{x - y}{x + y}$.
3. $\frac{a}{b}$.
4. $\frac{c + d}{x - y}$.
5. $\frac{abc}{xy}$.
6. $\frac{a + b}{a - b}$.
7. $\frac{a + 3}{a - 3}$.
8. $\frac{x + 1}{x - 1}$.
9. $\frac{a}{a - b}$.
10. $\frac{x - y}{a}$.
11. $\frac{a - b}{x + y}$.
12. $\frac{2a}{a - b}$.
13. $\frac{by}{b + y}$.
14. $\frac{a + b - c}{a - b + c}$.
15. $\frac{a - b}{a + b}$.
16. $a^2 - ab - b^2$.

§ 14. Addition und Subtraktion von Brüchen

Seite 173:

1. $\frac{a + bc}{b}$.
2. $\frac{ad + bc}{bd}$.
3. $\frac{adf + cbf + ebd}{bdf}$.
4. $\frac{12ad + 5bc + 20bdh}{20bd}$.
5. $\frac{a^2 + b^2 + c^2}{abc}$.
6. $\frac{4a + b}{12x}$.
7. $\frac{aegf - begf - dg - cf}{egf}$.
8. a.
9. b.
10. $\frac{89a - 55b}{60}$.
11. $\frac{7c - 5a - 5b}{21}$
12. $\frac{12ad + 3bd + 2a + 3d}{4cd}$
13. $\frac{x + 4y}{}$.
14. $= \frac{a^2 + z^2}{a^2 - z^2}$
15. $= \frac{2a^2 + 2b^2}{a^2 - b^2}$
16. $= \frac{4ab}{a^2 - b^2}$
17. $= \frac{a^3 - 4a^2x - 9ax^2 - 2x^3}{2x(a^2 - x^2)}$
18. $= \frac{3az - a^2 - z^2}{a^2 - z^2}$
19. $\frac{ac^2 + abd - 2bdy}{c(a + 2y)(a - 2y)}$.
20. $\frac{5}{6(x - 1)}$.
21. $\frac{x(3c - a - 2b) + bc + 2ac - 3ab}{(x + a)(x + b)(x + c)}$.
22. $\frac{11a - 12}{6(a + 1)}$.
23. $\frac{20x - 11}{3(x - 1)(x + 1)}$.
24. $\frac{79x + 220}{12(x + 3)(x + 4)}$.

§ 17. Fortsetzung der Gleichungen

Seite 187:

1. $x = a + c$.
2. $b - a$.
3. $b + c - a$.
4. $a + b - c$.
5. $2a$.
6. $a + b + m - 15$.
7. $p + q - r$.
8. $\frac{b + 3}{a}$.
9. $\frac{a - c}{b}$.
10. $\frac{p + c + d}{9}$.
11. $\frac{p + 9}{2}$.
12. $\frac{b}{a}$.
13. $\frac{8a - 2b}{7}$.
14. ab.
15. $\frac{a}{b}$.
16. $(a + c)\,b$.
17. $\frac{a - b}{c}$.
18. $\frac{a}{m + n}$.
19. $\frac{b + d}{a - c}$
20. $\frac{a + d}{b + c}$.
21. $\frac{d}{a + b - c}$.
22. $\frac{b}{a - 1}$.
23. $\frac{m}{a + b - 1}$.
24. $\frac{a}{b + c - 1}$.
25. $\frac{c - ab}{b}$.
26. $\frac{cd - ab + e}{c - b}$.
27. $\frac{c}{b}$.
28. $\frac{b}{a - 1}$.
29. $\frac{ab}{a + b}$.
30. $\frac{2ab}{a + b}$.
31. $\frac{b}{a - c}$.
32. $\frac{b - a}{8}$.
33. $\frac{ebd}{ad - bc}$.
34. $\frac{2a}{c + d}$.
35. $-\frac{(m + n)(p + q)}{p + q - 1}$.
36. $\frac{a - 1}{a + 1}$.
37. $\frac{2n}{a - b}$.
38. $\frac{b\,(aen + acdn - m)}{n + b - abdn}$.
39. $\frac{e\,(ad + bc)}{de - cf}$.
40. $\frac{bdf\,(g + h)}{ebd + cbf + adf}$.
41. $\frac{a\,(14a - 39b)}{9b - 27ab - 12}$
42. 0.
43. $\frac{b \cdot (6acd + 3bd - 2abc)}{6acd + 3bd - 2abc} = b$
44. $\frac{a^2 + b^2 + c^2}{a + b + c}$.
45. $x = 1$
46. $\frac{a^2b^2c + ab^2c^2 + a^2bc^2}{ab + bc + ac}. = abc$
47. $\frac{bc + ad}{a + b - c + d}$.
48. c.
49. -1.
50. 0.
51. $\frac{1}{a} \cdot \frac{a^2 + a + 1}{a^2 - a + 1}$.
52. $= \frac{-a\,(a^2 - 2)}{a^2 - 1}$
53. $\frac{a + 2}{a\,(a - 1)}$
54. $\frac{a}{b}$.
55. $\frac{c\,(g - a)}{bc + cf - gd}$.
56. $\frac{n}{m}\,\frac{a + b}{a - b}$.
57. $\frac{a + b}{2}$.
58. a.
59. $\frac{b}{a + b}$.

60. Die Unbekannte kommt nicht in Klammern vor, daher schreibe man:

$$3a^2bc\,(a + b)^2 + a^3b^2 = x\,(3ac + b)\,(a + b)^3 - (2a + b)\,b^2x\,(a + b)$$

$$a^2b\,[3c\,(a + b)^2 + ab] = x\,(a + b)\,[(3ac + b)\,(a + b)^2 - b^2\,(2a + b)]$$

$$x = \frac{a^2b}{a + b} \cdot \frac{3c\,(a + b)^2 + ab}{3ac\,(a + b)^2 + b\,(a + b)^2 - 2ab^2 - b^3} = \frac{ab}{a + b}.$$

§ 18 Lineare Ungleichungen

Aufgaben Seite 190:

1. $\mathbb{L} = \{x/x < -2\frac{1}{4}\}$
2. $\mathbb{L} = \{x/x > -5\}$
3. $\mathbb{L} = \{x/x < \frac{1}{3}\}$
4. $\mathbb{L} = \{x/x > -\frac{1}{2}\}$
5. $\mathbb{L} = \{x/x \leqq +\frac{1}{2}\}$

Aufgaben Seite 192:

1. $\mathbb{L} = \{x/x \leqq 3\}$
2. $\mathbb{L} = \{x/x \geqq -1{,}8\}$
3. $\mathbb{L} = \{x/x \in \mathbb{R} \setminus (1)\}$
4. $\mathbb{L} = \{x/x < 1 \vee x \neq 0\}$
5. $\mathbb{L} = \{x/3 < x < 5 \vee x < -1\}$
6. $\mathbb{L} = \{x/x > \frac{3}{2} \vee x < \frac{2}{3}\}$

Aufgaben Seite 193:

1. $\mathbb{L} = \{x/x \geqq -19\}$
2. $\mathbb{L} = \mathbb{R}$
3. $\mathbb{L} = \mathbb{R}$

§ 19. Potenzen

Seite 196:

1. 8, 9, 32, 25, 64, 81, 125, 243, 49, 512.
2. −8, 9, 16, −64, 25, −216, 64.
3. 225.
4. 393.
5. 285.
6. 100, 180.
7. 487, −61, 486.
8. 34, −191.
9. −189, 28.
10. −468, −17.
11. 72, 200, 6125.
12. 75, 189, 128.
13. $13\frac{8}{9}$, $69\frac{4}{9}$, $20\frac{12}{25}$.
14. 3, 48.
15. −1125, 1296.
16. $\frac{2}{17}$, $7\frac{3}{4}$.
17. $13a^4$.
18. $8a^7 + a^2b$.
19. $17a^4b^3c^5$.
20. $16a^nb^m - 3a^m$.
21. $8x^3 - xy - 6x^2 + y^2$.
22. $2ax^2 - 2bx$.
23. $17ab^3x - 7b^mcx^2 - 7$.
24. $2a^4 + 8a^3b^2 + 4cd^2 + 3a^2 + 7d$.

Multiplikation von Potenzen mit gleichen Grundzahlen

Seite 197:
1. a^7, b^{11}, a^{10}, a^{n+3}, b^{2n+5}.
2. x^{p+q}, y^{n+1}, z^{n+2}, x^{14n}.
3. a^{2n-1}, a^{13n+2}, a^{10}.
4. b^{2q}, a^{n+5}, a^{2x-2}.
5. a^9, b^{21}, x^{11}.
6. $6a^{13}$, $20a^{13}$, $a^{10}b^7$.
7. $35a^{10}b^{14}$, $36a^{m+5}b^{n+7}$, $90a^{12}x^6y^{13}$.
8. p^{10x+2y}, $q^{8m-6n+1}$.
9. a^{10}, b^{10}, $-b^{13}$.
10. a^{13}, $-b^7$, a^9.
11. $(a-b)^8$, $(b-c)^{4m}$, $(p-q)^{11}$.
12. $(a-b)^{16}a^5c^8$, $(x-y)^{5m-n}x^{13}y^{13}$.
13. $-(a-x)^{2n}x^ny^m$.
14. $a^{13}+a^{11}+a^9+a^7$, $x^{15}+x^{12}-x^{10}-x^7$.
15. $30a^6+42a^4b^3-40a^2b^5-56b^8$, $a^{2m}-a^mb^n-2b^{2n}$.
16. $a^4+2a^2b^2+b^4$, $a^4-2a^2b^2+b^4$, $a^6+2a^3b^3+b^6$.
17. $a^{2m}-2a^{m+n}+a^{2n}$, $4a^{2x}-12a^{x+y}+9a^{2y}$, $a^{14}+2a^{12}+a^{10}$.
18. $x^8+x^4y^4+y^8$.
19. $54a^4-117a^3b+48a^2b^2+13ab^3-6b^4$.
20. $a^{4n}-b^4$.

Division von Potenzen mit gleichen Grundzahlen

Seite 200:
1. a^5, a^3, a^6, a^{11}, a^{22}, b^8.
2. $\frac{a}{a\cdot a\cdot a\cdot a\cdot a\cdot a\cdot a}=\frac{1}{a^6}$, a^{3n}, a^{3n}, a^{2m}.
3. a^{2n}, b^{5p}, b^{8n-3}, Nr. 4= b^8, c^{7n-5}.
4. a^{x-3}, a^{n-1}, a^{n-7}, a^{2n-7}.
5. a^{2x-3}, a^{x+1}, a^{5-x}, a^{n+x}.
6. a^{2n}, x^{2+n}, a, a.
7. $\frac{1}{5}a^3$, $5a^5$, $\frac{3}{2}a^4$, $\frac{a^7}{7}$.
8. $\frac{a^{n-1}}{b^{n+1}}$, a^{2n-2x}, b^{2m}, a^2.
9. a^{m+n}, b^{m+2n}, a^{1-x}, a^{3x-y}.
10. a^3b^5, $a^5b^7c^3$, $a^{n-2}b^{m-3}c^{p-4}$.
11. a^mb^nc, $a^{2n+2p}b^{n+14}$.
12. $\frac{2}{5}a^2b^6c^5$, $\frac{3}{2}a^5b^9c^7$.
13. $\frac{5}{6}a^{5m-n}b^{5m-7}$.
14. $\frac{a^pc^nxy^2z^3}{b^m}$.
15. ab^4, $-\frac{b^5}{a}$, $a^2b^2c^5$.
16. $\frac{5}{6}$ abc xyz.
17. $\frac{3}{8}a^2bcx^2yz$.
18. $\frac{5}{9}ab^{n-2}cx^{n-1}z$.
19. $a^yb^{4x+3y-5}$.
20. $ax^5+bx^3+cx^2$.
21. $ax^{m-1}+bx^{2n-m-1}$.
22. $ax^n+bx^{2n-m}+cx^{2n}$.
23. $\frac{1}{3}a^3b^4c^5+\frac{1}{4}a^6bc+\frac{2}{3}abc^2$.
24. c^3.
25. $3a^3-5a^2b+2ab^2$.
26. a^2-b^2.
27. x^m+y^n.
28. $x^3-y^3+\frac{y^6}{x^3+y^3}$, $x^4x^2y^2+y^4$.
29. x^2+xy+y^2.

Zerlegung in Faktoren

Seite 201: 30. $x^n (a + bx^2 + cx^3)$.

31. $a^{p-q} (a^{2q} - 1)$.
32. $(x^n + y^m)^2$.
33) $\frac{(a + b)(a - b)}{ab}$.
34. $\frac{(a^n + b^m)(a^n - b^m)}{a^n b^m}$.
35. $6a^{n-3}(a^2 - 1)^2$.
36. $(x^2 + y^2 + xy)(x^2 + y^2 - xy)$.
37. $(a^2 + b^2 + ab)(a^2 + b^2 - ab)$, die Lösung folgt aus 36.
38. $(x + y)(x^4 + x^3y + x^2y^2 + xy^3 + y^4)$.
39. $\frac{(a - b)(a^5 + a^4b + a^3b^2 + a^2b^3 + ab^4 + b^5)}{ab}$.
40. $(a + b)(a - b)(a^2 + b^2 - 2x^2)$.

Kürzen der Brüche

41. x^{n-p}, b.
42. x^{n-p}, a^3b^3.
43. $a^{n-x-1}(a^2 + 1)$, $a^2 - ab + b^2$.
44. Setze $a^n = x$, $b^n = y$ u. kürze $\frac{x^3 - y^3}{x - y} = x^2 + xy + y^2$ oder $a^{2n} + a^nb^n + b^{2n}$.

    $\frac{a^4 - a^3b + a^2b^2 - ab^3 + b^4}{a^2 - ab + b^2}$.
45. $a^n + b^m$, $x^n - y^m$.
46. $\frac{a^2 + c^2 - 2b^2}{a^2 + c^2 - 2d^2}$, $a^2 - ab - b^2$.

Addition und Subtraktion der Brüche

47. $\frac{1 + a^2 + a^3}{a^5}$, $\frac{1}{a^5}$.
48. $\frac{1}{a^5}$.
49. $\frac{2a - 2a^2 + 1}{a^n}$.
50. $\frac{a + bx + cx^2 + dx^3 + ex^{m-3} + fx^{m-1} + gx^m}{x^m}$.

Potenzen mit dem Exponenten Null und negativen Exponenten

Seite 205:

1. a^{15}, a^{14}, b^5, 1.
2. 25, $x - y$, 1, 1.
3. 1, 0,25, $\frac{1}{10000}$, 0,000125.
4. 1000, 40, 216, $3\frac{6}{25}$, 10, $1\frac{271}{729}$.
5. x^5, a^3x^4, −80, 54.
6. $\frac{1}{a^7}$, $\frac{1}{a^{14}}$, a^{14}.
7. $\frac{bd^3}{567\,a^2c^2m^3}$, $\frac{5a^{2-m}b^{3-n}c^{p+q-2}}{3}$.
8. $\frac{1}{2}\,\frac{a^5b^3d^6}{c^5}$, $\frac{7}{8}\,\frac{c^3d^2}{b^3}$.
9. $\frac{c^{16}}{a^{16}b^8d^{11}}$.
10. a, $\frac{1}{a^{17}}$, b^3, $\frac{b^3y^5}{a^2x^4}$.
11. $-\frac{1}{10a^{10}}$, $\frac{1}{2}a^2$, $(a-b)^7$.
12. $\frac{1}{(a-b)^{10}}$, $-\frac{1}{(a-b)^{12}}$.
13. $ax^2 + bx^5 + cx^6 + dx^7 + fx^8$.
14. $2 + \frac{x^2}{y^2} + \frac{y^2}{x^2}$.
15. $a^2 + 2 + \frac{1}{a^2}$.
16. $4a^2 - 13 + \frac{9}{a^2}$

Potenzieren von Produkten und Brüchen

Seite 206:

1. $1000^6 = 10^{18}$, $100^7 = 10^{14}$, $90^2 = 8100$.
2. 125, 4096, 2000.
3. 10^4, 8, 10^5.
4. x, $2\frac{2}{3}\,bc^2$.
5. $\frac{1}{2}\,\frac{yz^3}{u}$, $\frac{a+b}{x+y}$, $\left(\frac{a-b}{x-y}\right)^6$.

Potenzieren von Potenzen

Seite 207:

1. a^{36}, b^{20}, x^{5n}, a^{np}, $a^{3(x-1)} = a^{3x-3}$.
2. x^{5n+5}, a^{6n}, a^{nm}, x^{nn-25}.
3. $a^{28}b^{14}$, $a^{45}b^{63}$, x^{84}, $x^{16}y^8z^{32}$.
4. $32a^{15}b^{15}c^{20}$, $16a^6b^8c^2$, $81a^{12}$, b^{12}, c^{16}.
5. $\frac{a^8}{b^{12}}$, $\frac{25}{16}\,\frac{a^6}{b^4}$, $\frac{16}{49}\,\frac{a^{2n}b^{4n}}{c^{16}}$, $\frac{9}{4}\,\frac{a^2b^{10}}{x^4y^2}$.
6. a^3x^7, ab^{30}, $a^{14}b^3$.
7. 128, $\frac{2^{20}}{2^{18}} = 4$, $\frac{3^{12}}{3^{12}} = 1$, $2{,}0907515 \cdot 10^{-7}$
8. $\frac{6}{25}\,\frac{a^8x}{b^3}$.
9. $\frac{147}{800}\,\frac{x}{a}$.
10. $\frac{1}{a^{6n}}$, $\frac{b^6x^2y^{12}}{a^4}$, $\frac{a^{64}\cdot x^{24}}{b^8\cdot y^{16}}$, $\frac{a^8x^4}{b^6y^6}$.
11. $\frac{1}{b^2xy^3}$, $\frac{a^4x^8}{y^2}$, $\frac{b^3y^2}{a^5x}$.

§ 20. Wurzeln

Seite 208:

1. 10, b, 1, 1, 0.
2. 1, 4, 2, 5, 8.
3. 15, 64, 4, 12, 12.
4. x^2, a^3, a^5, a^5, a^2.
5. $(a - b)$, $(a - b)^2$, a^4, $(a - b)^2$.
6. a^2, a^m, a^m.
7. $16a^2$, 45, $\frac{50}{9}$, 6.
8. -1, 13, $\frac{27}{32}$.
9. $49x$.
10. $84a - 133b$.
11. $6a - 167b$.
12. $-39x + 8y + 28$.

Seite 209:

1. $\sqrt[4]{x^3}$, $\sqrt[3]{ax}$, $\sqrt[5]{\frac{a}{b}}$, $\sqrt[3]{(a-x)^2}$.
2. m^2, $\sqrt[2]{z^5}$, $\sqrt[n]{a^x}$, $\sqrt[4]{\left(\frac{x}{a}\right)^3}$.
3. $\sqrt[x]{x^2}$, $\sqrt[2]{b^m}$, $\sqrt[1]{a^2} = a^2$, $\sqrt[3]{(ab)^2}$.

Vereinfachung des Radikanden

Seite 211:

1. $2\sqrt{7}$, $5\sqrt{3}$, $10\sqrt{2}$, $16\sqrt{2}$.
2. $2\sqrt[3]{2}$, $8\sqrt[3]{2}$, $2\sqrt[3]{3}$, $9\sqrt[3]{10}$.
3. $a\sqrt{ab}$, $7y\sqrt{2x}$, $9(a+b)\sqrt{3}$, $\sqrt{4x^2(1+2x)} = 2x\sqrt{1+2x}$.
4. $a\sqrt[4]{ax^2}$, $2m^2\sqrt[5]{2}$, $(a+b)\sqrt{a}$, $u^3v^3\sqrt[3]{uv}$.
5. $b^nc^n\sqrt[3]{b^nc^{2n}}$, $x^n\sqrt[4]{x}$, $ab^n\sqrt{a}$, $v\sqrt{v^2+1}$.
6. $x^2y^2\sqrt[n]{y}$, $x\sqrt[x]{x}$, $a\sqrt[2m]{a^{m-1}}$, $c^4\sqrt[p]{c^q}$.
7. $a^3\sqrt[3]{a-x}$, $c\sqrt[n]{c+x}$, $a\sqrt[5x]{a^y}$, $\sqrt{xy}\cdot\sqrt[4]{x}$.
8. $(a+b)\sqrt{ab}$, $x^2y^3\sqrt[n]{xy}$.

Wurzeln aus Brüchen

(Der Nenner soll rational gemacht werden.)

Seite 213:

1. $\frac{1}{4}\sqrt{14}$, $\frac{2}{5}\sqrt{10}$, $\frac{2}{3}\sqrt{6}$, $\frac{6}{5}\sqrt{5}$.
2. $\frac{1}{2}\sqrt[3]{7}$, $\frac{1}{3}\sqrt{42}$, $\frac{3}{2}\sqrt[3]{3}$, $\frac{1}{4}\sqrt[3]{348}$.
3. $\frac{1}{2b}\sqrt{2ab}$, $\frac{1}{m}\sqrt{(a-m)\,m}$, $\frac{1}{2y}\sqrt{5xy}$, $\frac{1}{z}\sqrt{abxz}$.
4. $\frac{1}{b}\sqrt[3]{ab^2}$, $\frac{1}{2b}\sqrt[3]{2ab^2}$, $\frac{1}{x}\sqrt[3]{x(x-y)}$, $\frac{1}{3u}\sqrt[3]{36u^2m}$.
5. $\frac{1}{3}\sqrt{30}$, $\sqrt{ax}$, $\frac{1}{x}\sqrt{mx}$, $\frac{2}{3}\sqrt{6bx}$.
6. $\frac{1}{x}\sqrt[m]{a^2bx^{m-1}}$, $\frac{1}{a}\sqrt[m]{a^{m-1}}$, $\sqrt[n]{abc}$, $\sqrt[n]{5xy^{n-3}}$.

Multiplikation und Division gleichnamiger, eingliedriger Wurzeln

Seite 215:

1. $14, 32, \sqrt{15}, 18,$
2. $ab\sqrt{xy}, \frac{x}{y}\sqrt{2}; \sqrt{(a+b)\cdot(a-b)} = \sqrt{a^2-b^2}.$
3. $6, \sqrt[3]{37}, \frac{1}{5}\sqrt[3]{2550}, 10.$
4. $bx, x\sqrt[3]{2y}, 2a\sqrt[3]{2}.$
5. $x, \sqrt[n]{a^3b}, m\sqrt[x]{m}.$
6. $\sqrt{10}, \sqrt{71}, \sqrt{42}, = 5\sqrt{2}.$
7. $\sqrt{b}, \sqrt{a+b}, \sqrt{3n}.$
8. $5, \sqrt[3]{25y}, \sqrt[3]{\frac{45}{49}}.$
9. $\sqrt[4]{\frac{1}{c}}, \sqrt[3]{3x}, \sqrt[n]{a}, \sqrt[n]{x^2}.$
10. $c\,(x+5)\sqrt{6}, \sqrt[p]{a^o} = \sqrt[p]{1} = 1.$
11. $5b\sqrt[3]{\frac{c^2}{4a}}, \frac{1}{2}\sqrt{x}.$
12. $\frac{1}{c}.$

Addition und Subtraktion von Wurzeln

Seite 217:

1. $5\sqrt{10}.$
2. $32\sqrt{5x} + \sqrt{6x} + 18\sqrt{x} = \sqrt{x}\,(32\sqrt{5} + \sqrt{6} + 18).$
3. $13\sqrt{2} + 6\sqrt{3}.$
4. $\frac{1}{2}\sqrt{15} - \frac{2}{3}\sqrt{15} + \frac{6}{5}\sqrt{15} + 10\sqrt{15} + \frac{1}{10}\sqrt{15} = 11\frac{2}{15}\sqrt{15}.$
5. $7\sqrt[3]{2} + 8\sqrt{3}.$
6. $6\sqrt{2} + 6 + 2\sqrt[3]{2} + 2\sqrt[3]{4}.$
7. $\frac{1}{5}\sqrt{5} + \frac{1}{2}\sqrt{2} + \frac{1}{5}\sqrt[3]{5} + \frac{1}{2}\sqrt[3]{2}.$
8. $3x\sqrt{a} + 4a\sqrt{x}.$

Multiplikation mehrgliedriger Wurzelausdrücke

Seite 218:

1. $3 + 3\frac{1}{3}\sqrt{6}.$
2. $6\frac{1}{2}\sqrt{2}.$
3. $10 + 6\sqrt{5}, 7 - 2\sqrt{6}.$
4. $x + a + (a+1)\sqrt{x}, 5\sqrt{3} + 5\sqrt{15} - 3\sqrt{5} - 15.$
5. $11 + 2\sqrt{30}, 4x + 9 + 12\sqrt{x}, 6 + 2\sqrt{5}, a + 2x + 2\sqrt{2ax}.$
6. $2a + b^2 - 2b\sqrt{2a}, 100 - 18\sqrt{19}, 20 - 10\sqrt{3}, 1 + 4x - 4\sqrt{x}.$
7. $a^2 - 3b, 2.$
8. $a^2x^2 - b, \ 4.$

Rationalmachen des Nenners

Seite 220:

1. $\frac{2}{3}\sqrt{6}, \frac{5x}{7}\sqrt{7}, \frac{(a+b)\sqrt{3}}{3}, \sqrt{y}$.
2. $\frac{1}{30}\sqrt{10}, \frac{2}{5x}\sqrt{x}, \frac{1}{c}\sqrt{abc}, \frac{(1+x)\sqrt{x}}{x}$.
3. $\frac{3}{5}\sqrt[3]{225}, \frac{a}{b}\sqrt[3]{b^2}, \frac{m}{y}\sqrt[3]{x^2}, \frac{1}{2}\sqrt[3]{4u^2}$.
4. $\frac{1}{4}\sqrt[3]{4}, b\sqrt[3]{a}, \frac{7}{2}\sqrt[3]{x}, \sqrt[3]{u+v}$.

Seite 222:

1. $\sqrt{5}-\sqrt{3}, 5(\sqrt{7}+\sqrt{3}), 20(\sqrt{8}-\sqrt{5}), \sqrt{6}+\sqrt{5}$.
2. $2(3-\sqrt{3}), \frac{2}{5}(10+\sqrt{35}, \frac{a}{x}(\sqrt{2x}+\sqrt{x}), \frac{m+\sqrt{m}}{m-1}$.
3. $-\frac{3+\sqrt{5}}{2}, 3+\sqrt{2}, \frac{37-20\sqrt{3}}{13}, \frac{x+2\sqrt{x}}{4-x}$.
4. $\frac{-6\sqrt{2}+3\sqrt{11}+5\sqrt{3}-\sqrt{66}}{3}, \sqrt{2}-\sqrt{6}+1$.
   $\frac{7\sqrt{3}+5\sqrt{5}+\sqrt{7}-2\sqrt{105}}{59}$.
5. $\frac{23}{680}(23\sqrt{5}+30\sqrt{7}-20\sqrt{3}-3\sqrt{105})$,
   $\frac{2(8694+203\sqrt{15}-284\sqrt{21}+163\sqrt{35}}{15589}$.

Wurzeln aus Potenzen – Wurzeln aus Wurzeln

Seite 224:

1. 216, 27, 16, 1728.
2. 243, 1331, 3125, 1024,
3. $\sqrt[12]{a}, \sqrt[8]{5}, \sqrt{6}, \sqrt[3]{7}$
4. $\sqrt[4]{5}$, 2, 2, $\sqrt{12}$.

Multiplikation und Division ungleichnamiger Wurzeln

Seite 227:

1. $\sqrt[10]{x^7}, \sqrt[6]{a^3}=\sqrt{a}, m\sqrt[12]{m^{11}}, \sqrt[4]{x^2y}$.
2. $\sqrt[6]{a^3b^5c^2}\sqrt[4]{\frac{xa}{4}}, \sqrt[9]{mnx^3}, \sqrt[6]{21600}$.
3. $\sqrt[10]{b^3}, \sqrt[4]{cy}, \sqrt[6]{3}, \sqrt[6]{a+b}$
4. $\sqrt[2n]{x}, \sqrt[6]{3}, \sqrt[2n]{x^{n-2}}, \sqrt[3n]{p^{n-3}}$.

Quadratwurzeln aus mehrgliedrigen Radikanden

Seite 231:

1. $4a+7b$.
2. $2x-6y$.
3. $5a+1$.
4. $a+\frac{1}{a}$.
5. $x+y+z$
6. $2x-4y+10$.
7. $a+2b+3c+4d$.
8. $1-\frac{1}{2}x-\frac{1}{8}x^2-\frac{1}{16}x^3-\frac{5}{128}x^4$.
9. 3,162278.
10. 1,4142.

§ 21. Bruchpotenzen

Seite 233:

1. $32, 3, \frac{1}{5}, \frac{1}{9}, 243, \frac{1}{10}$.
2. 8, 2, 1000, 0,5, 0,8, 0,1.
3. $\sqrt[3]{a}, \sqrt[5]{b^2}, \frac{1}{\sqrt{c}}, \sqrt{x}, \frac{1}{\sqrt[3]{y^2}}\ \sqrt[4]{z}$
4. $\sqrt{ab}, \sqrt[3]{\left(\frac{a}{x}\right)^2}, \sqrt[4]{a+b}, \sqrt{a^2+b^2}, \sqrt{5}, \sqrt[3]{20}$.

Umkehrung. Man schreibe die Wurzelgrößen als Potenzen.

Seite 233:

1. $a^{\frac{3}{4}}, x^{\frac{1}{2}}, a^{\frac{n}{3}}, (x+y)^{\frac{1}{3}}, (a^2-b^2)^{\frac{1}{4}}$,
2. $(a-1)^{\frac{1}{3}}, x^{\frac{n-1}{n}}, (ab)^{\frac{1}{5}}, x^{\frac{1}{x}}$.

Rechnen mit Bruchpotenzen

Seite 235:

1. $a, x^{\frac{46}{35}}, p^{5\frac{3}{4}}$.
2. $x \cdot x^{\frac{7}{20}}, a^5, a\sqrt{a}$.
3. $(a+b)^{\frac{7}{12}}, (a^2+b^2)^3 \cdot (a^2+b^2)^{\frac{2}{3}}$.
4. $a+b, x^2+y^2$.
5. $a^{\frac{7}{20}}, \frac{1}{a^{\frac{1}{9}}}, \frac{1}{a^{\frac{1}{7}}}, a^4 a^{\frac{2}{5}}$.
6. $a^{\frac{3}{8}}, a^{\frac{2}{5}}, \frac{1}{x}$.
7. $a^{\frac{1}{2}}, x^{\frac{1}{6}}, p^{2\frac{3}{4}}$.
8. $a, a^{\frac{5}{6}}, a^2$.
9. $x^2, x, (a+b)^{\frac{1}{6}}$.
10. $(ab)^{\frac{1}{3}}, (a^3b^2)^{\frac{1}{4}}, (a^5b^4)^{\frac{1}{9}}$.
11. $\left(\frac{a}{b}\right)^{\frac{1}{4}} \left(\frac{x}{y}\right)^{\frac{2}{3}} \left(\frac{x^2}{y}\right)^{\frac{1}{4}}, \left(\frac{a^2}{b^5}\right)^{\frac{1}{6}}$.
12. 2, 4.

§ 22. Imaginäre Größen

Seite 237:

1. $9i, 10i, -8, -11i, -4$.
2. $3i\sqrt{3}, 6i\sqrt{2}, 10i\sqrt{6}, 21i\sqrt{2}, -6\sqrt[3]{2}$.
3. $-5\sqrt{3}, -x, -10$.
4. $-1, -i, i, i, i, 1$.
5. $-\sqrt{xy}, -x, -8\sqrt{6}$.
6. $-1, -i, i\sqrt{i} = i\sqrt{\sqrt{-1}}, i\sqrt{a}$.
7. $\sqrt{2}, \sqrt{3}, \frac{2}{3}\sqrt{2}, 1$.
8. $42+2i, 56-92i$.
9. $\sqrt{6}-2i\sqrt{3}-3i\sqrt{2}-6, 162-2i\sqrt{14}$.
10. $p^2+q^2, 74$.
11. 25, 100.
12. $24i-7, -24i-7, 20i-21$
13. $-21+12i\sqrt{2}, -5-10i\sqrt{2}$.
14. $18, 2-2\sqrt{2}$.
15. $5-2\sqrt{6}$.
16. $7-3i\sqrt{3}$.

§ 23. Gleichungen mit Wurzeln

Seite 243:

1. $\left(\frac{ab}{c}\right)^2$, $32m^3$, $\frac{9}{2}$.
2. 16, 4, $b^2 - a$.
3. 3, $\frac{1 + b^2}{a}$
4. 5, $1 - a^3$.
5. −2, 13,266 ...
6. $\frac{5}{4}$, 4ab.
7. $\frac{a}{2b^2}$, $\frac{a^3b}{c^3}$
8. 624, $\left(\frac{b^2}{a}\right)^3 - m$.
9. $\frac{a^2}{c^2} - b$, $\frac{a^2}{b^2 - 2a^2}$
10. $4(7 - 2\sqrt{10})$.
11. 8.
12. 38.
13. $(a - 2b)^2$.
14. $4a - 3b$.
15. $\frac{(1 - a)^2}{4a}$
16. $\frac{(1 - a)^2}{4a}$.
17. $\frac{5a^2 - b^2}{4a}$.
18. $m - n$.

§ 25. Formeln und Regeln für das Rechnen mit Logarithmen

Seite 249:

1. $\log a + \log b - (\log x + \log y + \log z)$, $\log (a + b) - \log (x + y)$, $\log (a + b) + \frac{1}{2} \log c$.
2. $2 (\log a + \log b) + \frac{1}{3} \log c$, $\log c - \log b$, $\log (a + 1) - \log (b + 1) + \frac{1}{2} \log y$.
3. $\log a + \log b - \log 10 + \frac{1}{2} (\log x + \log y - \log z)$, $\frac{1}{2} [\log (a + b) - \log c]$, $\log (a + b) + \log (a - b) - [\log (a + c) + \log (a - c)]$.
4. $2 (\log 1{,}2 + \log x - \log y)$, $-(\log a + \log b + \log c)$, 0,24 log a.

§ 26. Aufsuchen des Logarithmus zu unechten und echten Brüchen

Seite 251:

1. 1,24551, 0,95468, 0,96652−2
2. 1,09026, 0,65321−2, 0,89708 − 3
3. 2,20058, 0,00346−1, 0,00346
4. 1,30190, 0,44012, 2,00346
5. 0,69897−3, 0,02119, 1,00217
6. 1,25600, 0,64108−3, 0,00217−5

Seite 252:

2,90997,	0,48360,	0,96129−1
1,20534,	0,99172,	0,60291
0,28673−1,	0,83254,	3,46050

§ 27. Das Aufsuchen der Zahl zu einem gegebenen Logarithmus

Seite 254:

20,31,	0,01208,	21770,	0,1787,	50128,	5,376,
6311,	310,6,	0,008205,	4,899,	0,1021,	9998,
6,8906,	87128,	57,637,	0,42805,	281,58,	154,91,
1245,8,	0,015453,	174466,	15,8613,	0,11964,	9,3375.

§ 28. Berechnung von Zahlenausdrücken mit Hilfe von Logarithmen

Seite 258:

1. 18,238
2. 0,099044.
3. 104,35.
4. 71,543.
5. 699,3, 1,9898, 0,0016956.
6. 0,020923, 0,46302.
7. 3,8373, 0,50526, 0,66248.
8. 0,078555.
9. 2,1159
10. 6,4970.
11. 2,4387.
12. 103,048.
13. 5,90.
14. 1,698.
15. 93,16.
16. 145,56.

§ 30. Exponentialgleichungen

Seite 265:

1. 38.
2. 20.
3. 8.
4. 11
5. $-\frac{1}{5}$.
6. $1\frac{2}{7}$.
7. $6\frac{1}{2}$.
8. m + n
9. 4.
10. 4.
11. $\frac{1}{3}$
12. $\frac{5}{2}$.
13. $\frac{\log a}{\log b}$.
14. $\frac{\log c}{\log a + 7 \log b}$.
15. $\frac{n \log a + \log c}{\log a + \log b}$
16. $\frac{q \log a - p \log b}{m \log a - n \log b}$.
17. $\frac{2 \log a + 7 \log b - 5 \log c}{3 \log a + 4 \log b - 6 \log c}$.
18. 0,68086.
19. 0,96721.
20. 0,30103, 0,69897, 1,39794, 2,9154.
21. 6,74.
22. − 1,87329.
23. 1,71.
24. 1,668.
25. −8,627 . . .
26. unmöglich
27. 0,5439

§ 34. Gleichungen vom ersten Grade mit mehreren Unbekannten

A. Gleichungen mit zwei Unbekannten

Seite 307:

1. x = 21, y = 10.
2. x = 12, y = 8.
3. $x = \frac{1}{2}$, y = 0.
4. x = 7, y = 9.
5. x = 6, y = 7.
6. $x = 3\frac{1}{11}$, $y = 2\frac{7}{11}$.
7. $x = 1\frac{5}{13}$, $y = -\frac{2}{13}$.
8. $x = 3\frac{5}{14}$, $y = -\frac{3}{7}$.
9. x = 19, y = 9.
10. x = 7, y = 9.
11. x = p + r, y = p − r.
12. $x = \frac{ab + c}{a^2 + 1}$, $y = \frac{b - ac}{a^2 + 1}$.
13. x = 7, y = 15.
14. $x = \frac{1}{a}$, $y = \frac{1}{b}$.
15. x = a, y = b.
16. x = a, y = b.
17. $x = -\frac{3}{4}$, $y = \frac{1}{2}$.
18. x = 3, y = 4.
19. x = 11, y = 10.
20. x = 5, y = −4.
21. x = 8, y = 5. . .
22. x = 4, y = 1.
23. $x = \frac{10}{51}$, $y = \frac{10}{49}$.
24. x = 4, y = 3.
25. x = a + b, y = a − b.
26. $x = \frac{b + c}{a + b}$, $y = \frac{c - a}{a + b}$.
27. Lösung nicht möglich, da die zweite Gleichung identisch mit der ersten.
28. $x = \frac{a + 1}{ab - 1}$, $y = \frac{b + 1}{ab - 1}$.
29. $x = \frac{17}{29}$, $y = \frac{4}{29}$.
30. x = 6, y = 12.
31. x = 7, y = 14.
32. x = 19, y = 3.
33. $x = 8\frac{1}{3}$, $y = 8\frac{2}{3}$
34. x = 19, y = 3.
35. x = 19, y = 3.
36. x = 5, y = 2.
37. $x = \frac{780}{79}$, $y = \frac{172}{79}$.
38. x = 7, y = 10.
39. x = 5, y = 5.
40. x = 4, y = 3.
41. x = 12, y = 7.
42. x = 8, y = 9.
43. x = 13, y = 10.
44. x = 11, y = 6.
45. x = 6, y = 8.
46. x = 4, y = 3.
47. Nicht lösbar.
48. x = 5, y = 3.
49. $x = \sqrt{6}$, $y = \sqrt{5}$.
50. $x = \sqrt{a} + \sqrt{b}$, $y = -\sqrt{a} + \sqrt{b}$.
51. x = 4, y = 3.
52. x = 4, y = 11.
53. x = 0, y = 4.
54. $x = \frac{25}{4}$, $y = \frac{100}{9}$.

§ 35. Gleichungen mit 3 Unbekannten

Seite 314:

1. $x = \frac{a+b}{3}$, $y = \frac{a-2b}{3}$, $z = \frac{-2a+b}{3}$.
2. $x = -6$, $y = 20$, $z = -2$.
3. $x = 1{,}7$, $y = 1{,}5$, $z = 1{,}3$.
4. $x = 1$, $y = 1{,}5$, $z = 2$.
5. $x = 1$, $y = 2$, $z = 3$.
6. $x = \frac{a+b-c}{2}$, $y = \frac{a-b+c}{2}$, $z = \frac{-a+b+c}{2}$.
7. $x = 1$, $y = 2$, $z = 3$.
8. $x = \frac{a}{a^2+b^2+c^2}$, $y = \frac{b}{a^2+b^2+c^2}$, $z = \frac{c}{a^2+b^2+c^2}$,
9. $x = \frac{cm+n-p}{ac+b}$, $y = \frac{bm-an+ap}{ac+b}$, $z = \frac{bp-bcm+acn}{ac+b}$.
10. $x = \frac{1}{-a+b+c}$, $y = \frac{1}{a-b+c}$, $z = \frac{1}{a+b-c}$.
11. $x = 3$, $y = 2$, $z = 1$. Lösung siehe Beispiel 5 auf Seite 227.
12. Schaffe die unbekannten Nenner weg:

$$xy + xz + yz = \frac{1}{a}(y+z)$$

$$xy + xz + yz = \frac{1}{b}(x+z)$$

$$xy + xz + yz = \frac{1}{c}(x+y)$$

Setze zur Abkürzung $xy + xz + yz = u$, dann wird

I $y + z = au$	Bilde II − I: $x - y = u(b-a)$
II $x + z = bu$	III $x + y = uc$
III $x + y = cu$	addiert $2x = u(b-a+c)$.

$$x = u\frac{-a+b+c}{2},\ y = u\frac{c-b+a}{2},\ z = u\frac{a+b-c}{2}$$

Führe $a + b + c = 2s$ ein, so ist $\frac{a+b-c}{2} = s - c$,

$\frac{a-b+c}{2} = s - b$, $\frac{-a+b+c}{2} = s - a$, $x = u(s-a)$,

$y = u(s-b)$, $z = u(s-c)$. Bilde $\frac{y}{x} = \frac{s-b}{s-a}$, $\frac{z}{x} = \frac{s-c}{s-a}$ oder

$y = x\frac{s-b}{s-a}$, $z = x\frac{s-c}{s-a}$. Diese Werte in die erste gegebene Gleichung

eingesetzt, geben $x + \dfrac{x\frac{s-b}{s-a} \cdot x\frac{s-c}{s-a}}{x\frac{s-b+s-c}{s-a}} = \frac{1}{a}$ oder

$$x + x\frac{(s-b)(s-c)}{(s-a)(2s-b-c)} = \frac{1}{a}.$$

Es ist aber $2s - b - c = a + b + c - b - c = a$, $x\,[(s-a)\,a + (s-b)\,(s-c)]$

$= \frac{1}{a} a\,(s-a)$

$$x = \frac{s-a}{a\,(s-a) + (s-b)\,(s-c)},\ y = \frac{s-b}{a\,(s-a) + (s-b)\,(s-c)},$$

$$z = \frac{s-c}{a\,(s-a) + (s-b)\,(s-c)}.$$

§ 36. Exponentialgleichungen mit mehreren Unbekannten

(Die Ausrechnungen von 8 ab, sind teilweise mit dem Schieber gemacht.)

Seite 316:

1. $x = -10{,}5$, $y = 5{,}5$.
2. $x = 11$, $y = 10$.
3. $x = 12$, $y = 8$.
4. $x = 2$, $y = 3$.
5. $x = 3$, $y = 4$.
6. $x = 3$, $y = 4$.
7. $x = 2$, $y = 3$.
8. $x = 3{,}52$, $y = 7{,}04$.
9. $x = 3{,}62$, $y = 5{,}27$.
10. $x = 5$, $y = 4$.
11. $x = 2$, $y = 7$.
12. $x = 2$, $y = 3$, $z = 4$.

Quadratische Gleichungen mit einer Unbekannten

§ 38. Rein quadratische Gleichungen

Seite 320:

1. a.
2. $\sqrt{b^2 - a^2}$.
3. 11.
4. 7.
5. $\sqrt{\frac{b}{a}}$.
6. 4.
7. 7.
8. $\frac{c}{\sqrt{a^2 + b^2}}$
9. 3.
10. $\sqrt{a^2 + b^2}$.
11. 12.
12. 12.
13. $\sqrt{2a - a^2}$.
14. $a\sqrt{\frac{b+2}{b-2}}$.
15. $\sqrt{a^2 + b^2}$.
16. 3i.
17. 12.
18. $\sqrt{a^2 + b^2}$.
19. 2.
20. $\sqrt{a^2 + b^2}$.

§ 39. Gemischt quadratische Gleichungen

Seite 324:

1. 10.
2. 7.
3. 11.
4. 20.
5. −5.
6. 51.
7. 5.
8. 4,5.
9. −0,6.
10. 2,5.
11. $\frac{10}{3}$.
12. $\frac{3}{4}$.
13. $-\frac{1}{2}$.
14. $\frac{1}{3}$.
15. 5.
16. 0,2.
17. 1.

§ 40

Seite 331:

1. 30, −8.
2. 2,4, 0,6.
3. −1,2, −5.
4. $4\frac{1}{3}$, 3.
5. + 90, −100.
6. +7,2, +5,0

§ 41.

Seite 336:

1. $\pm 3, \pm i\sqrt{14}$.
2. $\pm 10, \pm 10i\sqrt{2}$.
3. $\pm 9, \pm 1$.
4. $\pm\frac{1}{2}\sqrt{31}, \pm\frac{1}{2}$.
5. $\pm\sqrt{8}, \pm 1$.
6. 4, 2.
7. $\frac{5a+b}{6}, \frac{3a+b}{4}$.
8. $x = -\frac{a}{2} + \sqrt{\left(\frac{a}{2}\right)^2 + \left(-\frac{b}{2} \pm \sqrt{\left(\frac{b}{2}\right)^2 + c}\right.}$
9. $\frac{1}{9}$, 4.
10. $\dfrac{a - \frac{bc^2}{2} - b \pm \frac{bc}{2}\sqrt{c^2-4}}{\frac{c^2}{2} \pm \frac{c}{2}\sqrt{c^2-4}}$.

§ 42. Gleichungen gelöst durch Zerlegung in Faktoren

Seite 338:

1. 9, −5.
2. $\frac{2}{5}, \frac{3}{2}$.
3. $-\frac{b}{a}, \frac{d}{c}$.
4. 0, 7.
5. $\pm\sqrt{6}$.
6. $-\sqrt{3}, \sqrt{2}$.
7. a.
8. a, $\frac{a-b-c}{2}$.
9. 5.
10. 9, $\frac{6}{7}$.

§ 43. Zerlegung in Faktoren

Seite 341:

1. $(x-11)(x-9)$.
2. $(x-2)(x+3)$.
3. $(x+2)(x+\frac{5}{2})$.
4. $(x+9ab)(x-7ab)$.
5. $\left(x+\frac{2+i\sqrt{11}}{3}\right)\left(x+\frac{2-i\sqrt{11}}{3}\right)$.
6. $(x-3)(x-\frac{1}{2})$.

§ 45. Gleichungen vom zweiten Grade mit mehreren Unbekannten

Seite 349:

1. $x_1 = 3, y_1 = 3, x_2 = -3{,}8108, y_2 = -1{,}8649$
2. $x_1 = 1, y_1 = 1, x_2 = \frac{1}{3}, y_2 = 2\frac{5}{9}$.
3. $x_1 = 6, y_1 = 2, x_2 = -6, y_2 = -2$.
4. $x_1 = 3, y_1 = 2, x_2 = -3, y_2 = -2$.
5. $x_1 = 7, y_1 = 4, x_2 = -\frac{7}{2}, y_2 = -\frac{5}{4}$.
6. $x_1 = 4, y_1 = 0, x_2 = -\frac{1}{2}, y_2 = -\frac{9}{2}$.
7. $x = \pm 6, y = \pm 3$.
8. $x = \pm 6\sqrt{7}, y = \pm 3\sqrt{7}$.
9. $x_1 = 9, y_1 = 3, x_2 = 3, y_2 = 9$.
10. $x_1 = 7, y_1 = 4, x_2 = -5, y_2 = -8$.
11. $x = \pm\frac{a}{\sqrt{a+b}}, y = \pm\frac{b}{\sqrt{a+b}}$.
12. $x_1 = \pm 7, x_2 = \pm 5, y_1 = \pm 5, y_2 = \pm 7$.
13. $x_1 = \pm 2, x_2 = \pm 1, y_1 = \pm 1, y_2 = \pm 2$.
14. $x = \pm 3, y = \pm 2$.
15. $x = 0{,}7133, y = 0{,}3188$.
16. $x = 10, y = 5$.
17. $x = 4, y = 3$.
18. $x_1 = 30, y_1 = 10, x_2 = 5\frac{5}{7}, y_2 = -14\frac{2}{7}$.
19. $x = \pm 5, y = \pm 6$.
20. $x = \pm 5, y = \pm 7$.
21. $x = 81, y = 9$.